U0570771

有趣的军事

动物在军事中的作用

★ ★ ★ ★ ★

刘 艳◎编著

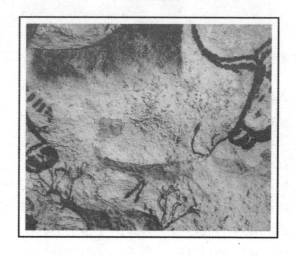

在未知领域 我们努力探索

在已知领域 我们重新发现

延边大学出版社

图书在版编目（CIP）数据

有趣的军事：动物在军事中的作用 / 刘艳编著 .—延吉：
延边大学出版社，2012.4（2021.1 重印）

ISBN 978-7-5634-4630-8

Ⅰ.①有… Ⅱ.①刘… Ⅲ.①军事生物学—青年读物
②军事生物学—少年读物 Ⅳ.① E916-49

中国版本图书馆 CIP 数据核字 (2012) 第 051733 号

有趣的军事：动物在军事中的作用

——————————————————————————————

编　　著：刘　艳
责 任 编 辑：何　方
封 面 设 计：映象视觉
出 版 发 行：延边大学出版社
社　　址：吉林省延吉市公园路 977 号　　邮编：133002
网　　址：http://www.ydcbs.com　　E-mail：ydcbs@ydcbs.com
电　　话：0433-2732435　　传真：0433-2732434
发行部电话：0433-2732442　　传真：0433-2733056
印　　刷：唐山新苑印务有限公司
开　　本：16K　690×960 毫米
印　　张：10 印张
字　　数：120 千字
版　　次：2012 年 4 月第 1 版
印　　次：2021 年 1 月第 3 次印刷
书　　号：ISBN 978-7-5634-4630-8

——————————————————————————————

定　　价：29.80 元

前 言 ●●●●●●
Foreword

　　在当今的世界上，各种现代新式的武器层出不穷，有如雨后春笋般涌现出来。但有谁会能想到，在那么多的新式现代武器和军械中，有一大部分是来源于对动物的仿生，比如：科学家从箭鱼上颌像长针状而受到启发，用于超音速飞机以刺破高速飞行时产生的音障；从鲸的造型而开发出潜水艇；从海豚头部气囊产生的振动发射超声波遇到目标被反射而研制出声纳。蝙蝠能够自由的在黑暗狭窄的山洞里面飞行、避免碰撞，就是因为蝙蝠自身就是一种天然的"雷达"。蝙蝠飞行时所发出一种频率极高的声波，这种声波碰到障碍物就会反射回来，而蝙蝠的耳膜就能分辨障碍物的方位距离。每只蝙蝠有自己固有的频率，因此彼此之间可以分清各自的声音，而不会发生相互干扰的现象。

　　雷达就是应用了这样的原理。雷达工作时天线把发射机所提供的电磁能量向空间某一方向发射，遇到目标时电磁波就会反射回来，并能在屏幕上显示出来。因此，雷达不仅能够确定目标的存在，而且还能准确地指出目标的方位和距离。

动物与人类的战争早就结下了不解之缘，人类利用动物帮助作战大约已有几千年的历史了。但是地球上有上百万种动物，人类选来用于参与军事行动的动物又仅是极少数。人类对动物在军事上利用思想的发展创造出了军事仿生学。也可以说，动物的参战孕育了军事仿生学的萌芽。

现代军事仿生进入了一个新阶段，通信技术、侦察技术、观测技术、隐形技术都在从动物界觅寻新的设计参考。例如，一只小小的苍蝇能连续飞行几个小时，速度甚至高达每小时 20 千米。它还有垂直升降、急速调头、空中悬停、隐身潜伏和微波信息收发等绝招。科学家们根据苍蝇的种种特征发明了机器蝇，在军事上起到了很大作用。动物对我们人类来说非常的重要，所以我们一定要善待他们。

 目录

CONTENTS

第❶章

动物在军事中的作用——鸽子

军鸽 ·························· 2

军鸽的功绩 ···················· 11

军鸽大王 ···················· 27

世界军鸽 ···················· 37

第❷章

动物在军事中的作用——军犬

军犬的历史 ···················· 56

认识英勇的军犬斗士 ·············· 65

德国牧羊犬 ···················· 75

昆明犬 ························ 88

黄狐的故事 ···················· 96

第❸章

动物在军事中的作用——变色龙

变色龙的简介 ·················· 110

从变色龙身上的启迪 ············· 114

纳米材料制作隐形衣 ············· 117

第❹章

动物在军事中的作用—响尾蛇

了解响尾蛇 …………………………………… 126

响尾蛇导弹 …………………………………… 133

响尾蛇枪 ……………………………………… 146

第一章

动物在军事中的作用——鸽子

DONGWUZAIJUNSHIZHONGDEZUOYONG——GEZI

从古到今，动物和军事的关系就非常密切。但是，在现代战场中，人类往往已经不是直接利用动物来参与战争了。人类对动物的军事利用思想，创造了军事仿生学。将动物用在军事仿生学上的例子有很多，就让本章来为你解答吧！

军鸽

Jun Ge

军中通讯兵

军鸽在战争中有"军中通信兵"的美称，它在战争中的通信作用非常重要。中国是在世界上使用军鸽传递信息最早的国家之一。鸽子的飞行能力很强，它具有非常神奇的定位能力和顽强的归巢性。经过军鸽基地专业训练过的鸽子可以成为军鸽。军鸽的飞行速度非常快，每小时最高可达 100 多千米；军鸽的负重能力也非常强，最多可负重 30 克；军鸽一天内的飞行时间可达 6～8 小时之多；军鸽在恶劣的自然条件下和在受到鹰隼攻击的时候仍然能够克服各种困难，忠诚笃实地完成人类交给它的任务。

◎军鸽的历史

在古今中外的战争史中，军鸽在战争中发挥巨大功绩的战例层出不穷。在欧洲封建时代，战争时，利用军鸽通信已经得到了非常广泛推广。直到 19 世纪后期，几乎所有的欧洲国家的军队都正式地建立了军鸽通信专职机构和通信网络机构，而民间则成立了各级信鸽协会。德国信鸽事业的快速发展是因为德国皇帝威廉一世曾经兼任德国皇家信鸽协会的主席。20 世纪时期，利用无线电通信的技术虽然已经比较发达，但是在两次世界大战中，军队依旧经常利用军鸽通信，军鸽依然在战争中起到了非常大的作用。连续飞行几千千米并且能够准确归巢，对于具有优良血统并经军鸽基地严格训练的信鸽来说并不算很困难，目前世界上鸽子最高的飞行记录是飞行的时间长达 7 个月，飞行的距离为 9000余千米之多。

军鸽基地不但要训练军鸽的飞行耐力，还训练要在枪炮声中训练军鸽临危不惧的能力。一般的鸽子非常胆小，没有经过严格训练的鸽子在听到枪炮声后会吓得甚至连家也不敢回。但是经过军鸽基地严格训练过的鸽子，在

※军鸽

战乱的枪林弹雨中也能够勇往直前，坚强地完成任务。

在现代战场上，人类的卫星通讯技术虽然已经非常发达，但军鸽仍然在世界各国的军中占有非常重要的地位。"简便、灵活、准确和快速"是军鸽的主要特点，军鸽在边防和海防地区非常适用。在战争中的特殊条件下，比如敌后侦察，在电子通讯设备或有线电信有可能被窃听、破坏的紧急情况下，最佳的选择仍然是使用军鸽通信。比如在 2001 年的时候，中国新疆边防武警巡逻分队在执行巡逻任务时遭遇了暴风雪袭击，在茫茫雪原上孤立无援，他们使用军鸽传信，部队上级在得到确切的消息后及时派来了救兵，使巡逻小分队脱离了险境。在这次事件中，我们可以非常明显地看出军鸽的功劳有多大。

军鸽在空降兵、南海舰队、东海舰队、边防部队建树的丰功伟绩都非常多。直到现在，军鸽事业还在发展。

据专家考证，在隋唐时期，中国广东一带就有养信鸽的记载。在中国历史上唐末时期（907 年），南剑牧陈海在家里养鸽达 1000 多羽。又

如盛唐时期的张九龄，不仅有贤相和诗人的美称，还是著名的养鸽家。他曾经养过很多鸽子，经常利用鸽子与亲朋好友通信。《开元天宝遗事》中记载："张九龄少年时，家养群鸽，每与亲知书往来，只以书系鸽足上，依所教之处，飞往投之。九龄目之为飞奴，时人无不惊讶。"利用信鸽的归巢本能来进行信鸽传书，"依所教之处，飞往投之"，《开元天宝遗事》的作者不知道到底是不是养鸽人，以想象替代和发展前人培育饲养信鸽的结果，在前人的饲养基础上把信鸽传书提高到了最高的水平。"时人无不惊讶"，此句中说明在当时拥有如此高水平的信鸽，是非常罕见的。

"南海舶，外国船也，每岁至安南、广州，舶发之后，海路必养白鸽为信"，在《唐国史补》一书中有此记载。在这外国船上的白鸽是外国人带进来的，还是从中国人带上去的呢？不管是哪里带来的，不管属于哪一类，这都为中外信鸽的交流提供了一种非常好的机会。

在中国汉代史中，若说站在枯井上掩护刘邦的两羽鸽子是汉军携带的军用鸽，显得有些证据不足的话，但在宋代有两次的战争中所用到的鸽子，则是明明白白的军用鸽。不过，他们不是把信鸽用于通讯中，只是把信鸽当作信号罢了。中国《宋史·夏国传》中记载：宋仁宗庆历年间，宋仁宗派桑怿出征元昊，看到几只银色的盒子放置在行军道旁，听到盒子其中有上下跳跃的声音，军中士兵不敢贸然开启，总管任福命军士打开，只见百余羽悬鸽哨的鸽子从银盒中飞出，盘旋在宋国军队上空。霎那间，在宋军周围埋伏的夏军从四面八方包围过来，任福带领士兵全力奋战，结果却是全军覆没。其二，中国《齐东野语》中记载，宋泾原都统曰：曲端的叔父在曲端部下当偏将，在一次作战中大败而归。曲端为了严肃军纪把他的叔父斩首，然后为叔父发丧，祭文上写着："呜呼！斩将者泾原统制也，祭叔者侄曲端也。尚享！"军队中无人不畏服于他的纪律严明。魏公听到这一消息后却不太相信，执意要到曲端的军队来视察。当魏公来到曲端的军队中却不见一兵一卒，魏公感到非常诡异，命令曲端点兵。曲端共有五支军队，魏公命他点其中的一支军队。曲端马上打开鸽笼，放出了一羽鸽子，只见一支军队很快来到。魏公愕然，就命令曲端齐点五支军队，曲端立时把五羽鸽子全部放出笼

4

子，刹那间只见五支军队顷刻即到。

中国历史上记载：中国宋代养鸽的现象非常多，不仅从民间到军队有很多人养鸽，而且就连宋高宗赵构也在皇宫之内养了一大群鸽子。在宋高宗时期有一首非常脍炙人口的谏诗："万鸽盘旋绕帝都，

※等待执行任务的军鸽

暮收朝放费工夫，何如养取南来雁，沙漠可传二圣书。"这是一群大学士害怕皇帝因养鸽而玩物丧志所写的一首谏诗，宋高宗听后龙颜大悦，给这群大学士加官晋爵。宋代信鸽的质量得到非常大的提高。据史书记载，中国信鸽名品"中国粉灰鸽"已有700年历史，也正是在这个时期。在中国唐宋时期，养鸽非常盛行，因此培养出一些名品信鸽是理所当然的事。在半个世纪前，中国正处于抗日战争的关键时刻，地处边陲的云南，地理位置非常特殊，自然也就成了双方交战中争夺的重要地方。但是也正是因为这个原因，各个国家的军鸽都聚集到了云南，"军鸽的黄金时代"就是在这个时期形成的。

◎军鸽的秘密

在中国正处于中日战争的关键时刻，驻扎在云南昆明的美国飞虎队军鸽训练场周围，有一个小男孩每天都特意跑来训练场观看军鸽训练，这个孩子只有14岁，他的名字叫陈文广，谁也没有想到，这个孩子后来成为了中国的"鸽王"。

1945年，日军战败投降后，在中国云南驻扎的美国军鸽队也要撤走了，美国军鸽队队长早就看出陈文广对这些鸽子是发自真心的喜爱，因此，他精心挑选了6对鸽子，送给了当时只有14岁的陈文广。

对于陈文广来说，这6对美国军鸽只是个开始，自从军鸽队走了之后，陈文广便开始了对遗留在云南的军鸽的收集路程，过了很长一段时间，他手上的鸽子由最初的十几只发展到了200多只之多，在昆明的市郊，每天早上都能看到陈文广训练军鸽的身影。

1950年，中国11大军区相继组建了11支军鸽队，昆明军鸽队也是11支军鸽队的其中之一。那时，陈文广和他的鸽子队伍遇到了新的问题：他甚至连喂养鸽子的粮食也买不起。这时陈文广想到了一个办法，他把这群久经沙场的军鸽全部都送给政府，不仅解决了鸽子的喂养问题，而且还为新中国刚刚诞生的军鸽队伍作出了贡献。在这整整3年的时间里，陈文广连续找了无数个部门，被人拒绝了无数次后，年轻气盛的陈文广，大胆直接写了一封长达6页的信给周恩来总理。

一周后，陈文广收到了总理办公厅的来信。总理在回信里肯定了他热爱祖国、热爱人民、热爱科学那种不屈不挠的精神，希望他再接再厉，继续

※古时的军鸽

他对军鸽的研究，并且说已经将他寄来的资料转到了中国科学院。过了不久，中国科学院的院长便亲自写来一封信，信中说道：总理办公厅转来的资料我们研究了，我们现在将资料转到中央军委，他们会派人和你联系。

陈文广期盼的结果终于来了，中央军委通信兵部委托有关单位会同军区通信机关对陈文广和他的鸽子进行了考核。考核的专家们当场拍板说道："陈文广是个人才，一定要让他训练鸽子！"从那之后，通信兵行列中出现了陈文广和他的鸽子的身影。从陈文广加入通信兵的队伍开始，陈文广和他喜欢的军鸽都有了自己施展身手的天地，他领着他的军鸽队伍屡建奇功。

1958年，中缅边境一个3人巡逻小分队突遭大批匪徒的包围，在

几次突围不成功后，巡逻队伍陷入弹尽粮绝的境地，他们把最后的希望放在了他们随身携带的唯一一只鸽子身上。

当时情况非常危急，战士在慌乱中将军鸽放错了方向，军鸽不慎飞到了敌人的阵地上方，敌人在见到了这只报信的鸽子时立刻乱箭齐发，鸽子被利箭射穿了胸部，鲜血直流。然而英勇的军鸽不但没有倒下，反而流着血继续向大本营飞去……我方战士在得到被围困队伍的求救信之后立即出兵，将匪徒全部歼灭，救出了 3 名被困的战士。《解放军报》还专门刊登了一篇文章，来书写那只在战场上立功的军鸽，颂扬这只军鸽的丰功伟绩。

在那个年代里，敌情匪患的现象非常严重，像这样仅靠着军鸽冲出重围送信，从而一举扭转战局的战例多不胜数。在一座边界哨所里，有 1 名战士突发急病，连长着急需要请示上级，希望上级部门派出直升机进行救援。但是由于时间紧迫，以及边界地理位置的限制，直升机无法很快地降落到这里。这时，聪明的战士想到了连队里有几只为哨所送信件的军鸽。他们想：大直升机进不来，我们就用"小直升机"送！这就是军鸽被称为"小直升机"的由来。

就这样，3 只军鸽带着连队卫生员写下需要的药品名称飞向了目的地，没过多久，这些捍卫战士们生命的勇士们就带着救命的药品飞回来了，那名生病的战士因为得到了及时的治疗，活了下来。

在 20 世纪 60 年代，就在昆明军鸽队连续不断取得骄人成绩的时候，国家却把鸽子列为禁养的动物，包括部队也不例外，各个部队军区里军鸽队的编制接二连三的被撤销了。昆明军鸽队也面临着被撤销的状态。

就在军鸽队要被撤销的关键时刻，任昆明军区司令员秦基伟极力地要求保留昆明军鸽队。这位志愿军 15 军军长最早在抗美援朝时期就在战场上捕到过美国的军鸽，他深知军鸽对部队作战的重要性。后来，在昆明军区坚持不懈的努力下，昆明军鸽队被保留了下来，它们成了全军惟一仅存的军鸽队，现在昆明军鸽队隶属于成都军区通信兵部管理。

时至今日，已经发展为解放军军鸽基地的昆明军鸽队，先后培育、繁殖了上百个品种共 5 万多羽的军鸽供陆海空三军使用，特别是边防和海防部队。如今，昆明军鸽队主要品种有比利时的"安特卫普"和中国的"应验鸽""高原雨点""森林黑""小麻佐"等等，这些优良的军鸽品种一般的飞行里程都高达 1000 千米以上。

1980 年 11 月的一天，从台北"回归"的两只雌灰鸽被南海舰队送来了。这里的水兵们给它们各取了个美丽的名字，一只叫"回回"一只叫"归归"。

※森林黑

水兵们想，如果能将在大洋中飞翔中具有"向洋性"的台湾鸽与具有抗强磁"向山性"的昆明鸽杂交，它们的杂交成果岂不就有可能成为"洲际鸽"的最佳选手吗？

经过了几个月的努力，他们终于培育出了集"向山性""向洋性"特点于一身的"应验鸽系"。"应验鸽"秉承了它们父母的长处，身姿矫健，羽毛油亮，双腿短而健壮，羽翼长而有力。

又过了两年，由低海拔向高海拔的鸽子竞翔比赛在上海举行，其中只有"应验鸽"一路破雾穿云，击浪搏风，经历了 25 个日日夜夜，途中经过了 6 个省 21 个市，共飞行了 2150 多千米，夺得了大赛的第一名，其远程续航能力远远地超过了同年在西班牙巴塞罗那举行的世界信鸽大赛的冠军鸽。

由此一来，"应验鸽"声名大振，它们的后代里有不少成为了举世闻名的"千里鸽"，甚至信鸽协会也接去了一些去传宗接代。现如今，它们自由翱翔的矫健身影在云贵高原、北国塞外等地都能看到。

◎氢弹炸不死的和平鸽

中国大西北戈壁滩中的核试验基地在 1977 年 8 月的一天，距离核弹爆心 50 米、100 米、200 米、500 米、1000 米不等的距离处，50 个特殊的"通信兵"——25对"高原雨点"军鸽已经悄悄地埋伏在了那里。

中国第一代军鸽品种——"高原雨点"是在高原鸽系基础上开发出来的。高原鸽系是"飞虎队"使用过的"贺姆"鸽与中国"英雄雨点"鸽杂交而成的，它具有非常强的远翔能力和抗高原强磁的特点；但是它的鼻瘤很小，防雨防雾性能又比较弱。经过多次试验，科学家们又将外国"雾都鸽"的"大鼻瘤"安到了它身上，"高原雨点"鸽系定型了我军第二代军鸽的品种。

鸽子能够穿越蘑菇云，有着非常有力的科学依据。在核爆炸时产生的强大辐射，会给世界上的生物以毁灭性打击，即使在辐射中幸免于难，生物的身体器官特别是眼睛也会受到伤害。但是，鸽子的眼球外有一层瞬膜，不飞行时开启，飞行时又紧闭，它能起到防水、防光、防雾和保护眼球的作用。鸽子眼睛外是眼球环，眼球环又是一套防风系统，因此鸽子的眼睛可以说是上了"双保险"的眼睛。除此之外，鸽子的循环系统有时可以通过肾脏而不通过心脏进行，由此称作"双重循环"。鸽子还有鸟类特有的"双重呼吸"现象，使它们不会因为缺氧而窒息。

在实验基地，随着总指挥的一声令下，戈壁滩中心燃起一条"火龙"，紧接着，一朵巨大的蘑菇云腾空而起，遮天盖日，非常壮观。就在此时，只见那埋伏在

核弹爆心的50个黑点迎着核弹爆炸后的辐射、顶着冲击波，一头扎进了巨大的蘑菇云中，不见了身影。

就在爆炸后的几十分钟内，研究人员非常惊喜地看到，巨大的蘑菇云中，有几十个黑点破雾穿云地飞了出来！1只、2只、3只……回来了整整45只，只有5只没有回来！

让人意想不到的是，创造了中国乃至世界军鸽史上奇迹的就是这5

只失踪的军鸽。原来，这 5 只未归的军鸽在穿越巨大的蘑菇云后并没有飞向试验基地，而是转头直奔它们的故乡——遥远的昆明。中途经过塔克拉玛干沙漠、天山、阿尔金山、昆仑山、青藏高原、祁连山，它们连续的穿过了 5 种恶劣的自然环境，飞行的空距长达 2750 千米，至今没有任何国家的军鸽能够打破此纪录。

专家取样结果表明，这 5 只军鸽身上的放射性物质比同等距离下别的动物身上的放射性物质高出好多倍，但非常令人惊奇的是，军鸽的眼球并未被爆炸烧伤，它们的毛羽及内脏也没有任何损伤，而其他在同等距离中的生物都因核辐射而受到严重伤害甚至已经死亡。

就在今天，在这 5 只功勋卓著的鸽子中，还有 1 只存活在陈文广的家中。这只在核爆炸中存活的军鸽现在已经 32 岁了，它的子孙的成绩也都非常优秀，有的在军中立过战功，有的在大赛中拿过比赛冠军，每当说起这些功臣们，自豪的微笑都会在陈文广的脸上露了出来。

知识链接

军鸽和军马、军犬一样，从古代就被用于战争，主要是应用于军事通信领域。我军在红军时期就有驯养军鸽的记录，到上世纪 50 年代，我军在苏联专家的指导下，各部队纷纷成立了军鸽队，多属通信兵序列，大量欧洲名鸽家族被引进中国。但是，随着科学的不断进步，各种军用动物逐渐被淘汰，尤其是经过几次大裁军，到上世纪 90 年代末，我军成建制的动物部队只剩了两支，一个是内蒙古军区骑兵师，另一个就是成都军区的昆明军鸽队。最著名的是上世纪 60 年代参加核爆试验，他们用 50 只军鸽做穿越蘑菇云的试验，45 只军鸽完好地飞回 50 千米以外的罗布泊临时鸽巢，另 5 只在穿越蘑菇云后，不可思议地飞过青藏高原、祁连山脉，行程 5000 余千米，回昆明基地归巢，创造了至今未能打破的一项世界纪录，同时为人类留下了一道不解之谜：鸽子为什么能够丝毫无损地飞越核爆现场？

拓展思考

1. 军鸽的历史你能说出来吗？

2. 军鸽是怎么传递信息的？

3. 你喜欢军鸽吗？

军鸽的功绩

Jun Ge De Gong Ji

一支不可忽视的特殊"小兵种"——军鸽。在仅有 4 万现役军人的瑞士，在军队中服役的军鸽数量就多达 4 万多羽，与瑞士军队现役军人的比例几乎是 1∶1。

英军功勋鸽——"格久"，它是二战期间最出名的功勋军鸽。

1943 年 11 月 18 日，为了迅速突破德军的防线，英国第 56 皇家步兵旅请求盟军的空军火力支援。在战斗打响之后，英国军队打垮了德军的抵抗，迅速占领了防线。如果按原定的陆空协同作战计划，空军丢下的炸弹就会炸到自己人的头上。在这紧要关头，步兵指挥员放出了军鸽"格久"。不负重托的"格久"，迅速地将情报送到了指挥部。为了表彰"格久"在战斗中的功绩，英国伦敦市长将一枚"迪金勋章"授予了

※昂首挺胸的军鸽

"格久"，这是人类对动物中英雄的最高奖励。

美军功勋鸽——"森林汉"。在二战期间，4个月大的"森林汉"跟随美军侦察分队空降到缅甸境内日军驻扎地的后方。就在部队准备跳伞时，无线电报务员不幸牺牲了，美军侦察分队与指挥部失去联系。在此后的7天里，侦察分队搜集到了日军大量的情报。这时，他们放飞了"森林汉"。英勇的"森林汉"带着美军侦察分队搜集的情报，飞越了高山丛林，总行程共达360多千米，及时地将情报送到了盟军指挥部。军鸽"森林汉"死于1953年，它的遗体被制作成了标本，放在博物馆内供后人瞻仰。

"英雄军鸽"

在1958年的一天，在云南边境剿匪的战斗中，中国功勋鸽中的一羽森林黑品系的军鸽，在战斗中带着箭伤飞行了几十千米，将重要的军事情报及时地送到领导机关。上级部队立刻派出骑兵，歼灭了这股匪徒。战斗过后，这羽中国军鸽被部队授予"英雄军鸽"的光荣称号。

时至今日尚仍未破解的军鸽之谜

昆明军鸽队里有一羽军鸽，从上海放飞回到昆明，历经了2000多千米的路程，用了长达21天的时间，至今这个纪录尚未被打破，那么它是靠着什么导航才能够安全地归巢呢？

在世界上，对于军鸽归巢导航的解释众说纷纭，比如有"地磁感导航""生物钟导航""太阳偏振光导航""本身体内激素导航"等等许多不同的看法。

在这众多的看法中，"地磁感导航"是比较著名的，军鸽驯养员郑洲就坚持这一种看法。他说："在自然界中，有很多动物的某些器官发达的程度非常惊人。比如说蛇可以通过它的额眼睛看到红外线，蝙蝠可以非常敏锐地听到超声波，鸽子可以感受得到地球磁场的作用力方向和强弱中的非常微小的变化。"在军鸽的眼内有一块突起，学名称之为磁骨，它可以通过这块磁骨非常准确地测量出地球磁场的变化，从而准确地判断出自己的飞行方向。

然而，丁书旺队长则对本身激素说更加倾向。他说："它其实类似于人类的激素，是一种经过自然选择形成的天性。"不过，他也承认，这种本身激素的说法并没有经过专家的验证。所以到现在为止，这种说法仍然是一个尚未破解的谜。

　　与军鸽相关的谜还不只这些。伴随着中国核试验研究的解密，军鸽直接参与核爆取样的秘密随之公开。据说，当时的核爆地点放置了许多种不同的动物，在原子弹爆炸以后，许多种动物都死了，而放置在核爆区域的 25 对军鸽，竟然有 3 羽能够安然无恙地飞了回来。军鸽能够穿越大面积的放射性污染区而不受到损害的奥秘，至今还无人能解开。

　　《鸽经》是中国最早的养鸽专著，它是中国到目前为止已知的最早的一部详细记载鸽子的专著，大约是在 1604～1614 年间成书《鸽经》的作者是清朝邹平（今山东省邹平县）的张万钟。《鸽经》全书共分六部分：论鸽、花色、飞放、翻跳、典故、赋诗，共一万余字。

　　从《鸽经》这部书中可以看出，在中国古代，鸽子育种方面的知识已达到了相当高的水平，而且非常重视鸽子眼睛的记录。在"典故"部分中记载着很多关于信鸽的非常有价值的史料。就以《鸽经》记载的实例来计算，在我国 500 多年以前，信鸽的飞翔速度与今天的冠军鸽相差不多，这也为中国传统信鸽同样具有良好的竞翔素质提供了非常重要的证明。

纵观 20 世纪的每一次战争，几乎在战争中都有军鸽的身影。然而，军鸽在这些战争中起到的都只是辅助通信作用。

现在，随着 21 世纪的信息化、数字化战争的到来，军鸽并没有被部队淘汰。在俄罗斯、美国等众多西方国家仍然设有专门的军鸽训练和研究机构。

信息技术的发展促进了各国通信设备的不断完善。但是，从战略安全高度来考虑，一个国家的通讯手段一定要多层次、多手段、多网络。而常规的电子对抗是在双方的实力相当的情况下进行的，一旦双方的实力存在了差距，比较弱的一方的实力实际上等于就是透明的，许多电子通信设备很多时候有可能无法发挥应有的作用。在这种情况下，军鸽就是军队的一种"末梢通信"，是在常规通信中的一种必要补充。

严格训练过的军鸽，不但不受地形和气候的限制，也不会被有线、无线信号干扰，不轻易被雷达发现和监视。它传递信息的速度非常快，保密性十分强，使用起来简单，机动能力很好，另外，军鸽成本非常低廉，完全可以配备到单兵。

纵观目前的情况来看，军鸽在军队中起到的作用在某些时候是无法被取代的。

在边海防地区、山区、林区、海岛和沙漠等地域，交通不便又缺少通信工具的时候，完全可以利用军鸽来报信。

在边防巡逻时或者是在敌后侦察以及在当地当时的条件不允许使用电子通信设备时，可以让军鸽将情报送达目的地。

在潜艇伏击、陆军小分队设伏，不允许使用无线电通信手段的时候，在出发时携带军鸽，可以用于通信使用。

还有在飞行员、空降兵在飞行、空降的时候，如遇到有电台损坏或者遗失时，也可以利用军鸽进行通信。

此外，军鸽在战场救护方面也有非常大的作用。在战场上的救护分队可以利用军鸽将前线伤员的人数、伤势、血型、预计手术规模等详细的情况先行送到野战医院，这样有利于伤员的及时救治。

近几年来，在西方某些国家设立的军鸽研究所里，他们对军鸽的功能有了新的发现，军鸽的用途渐渐不断地超出了单一通信的功能。

据了解，美国的海上救险专家专门利用军鸽来帮助救险人员在海上寻找失踪者。根据实验表明，军鸽的辨认准确率在90％以上。他们还利用鸽子眼睛的定向定位功能，将军鸽放置在火箭上的控制系统里，不但使军鸽能够不断调整火箭的方向，而且还能够确保火箭准确地攻击设定的目标。

在中国军队方面也有专家提出了可以把军鸽的特性和微型电子设备相结合，通过军鸽来携带微型电子成像和通信设备，以达到对战场进行小区域实时的隐蔽图像侦察的构想。由此可见，军鸽这支特殊的队伍还将在未来的战争中再立新的功绩。

美国的一羽叫"美男子"的军鸽，在二战期间的滇缅作战中，共有46次从前线带回重要情报，美军授予它十字勋章的荣誉。

许多功勋军鸽在死后还被制作成标本，以供后人瞻仰。

军鸽驯养员丁书旺出生于浙南农村，1995年入伍，来到了成都军区某部的军鸽队中，成为了一名军鸽驯养员。他身边的战友来了走了，又来了又走了，而他却在昆明军鸽队的小院子里一待就长达9年的时间。

营级单位的军鸽队，实际上这里只有两个人，队长丁书旺和驯鸽员郑洲。在上世纪90年代初没有裁编之前，军鸽队的人数最多达到过几十人，军鸽多达4000多羽。后来在经历了百万大裁军、50万裁军后，全军共11支军鸽队最后只剩下了昆明的这支，当然队里的编制也相应地缩小了。

听丁队长说，军鸽队之所以保留在昆明是有原因的。从历史上来看，二战时期美国空军飞虎队驻扎昆明期间在缅甸作战，就使用了多达5000多羽军鸽为战场服务。到后来，这些经受过战火洗礼的军鸽被留在了昆明，成为现在军鸽队军鸽的祖先。

此外，昆明特殊的自然条件也很适宜军鸽训练。昆明这里山多植物多，一山分四季，隔里不同天，在这样的环境中训练出来的军鸽也可以飞多种地形和多种气候。昆明的矿产也非常多，因此形成了一个高山强磁带，对军鸽的特殊训练非常有好处。

丁书旺队长是一位在职硕士研究生，他还没有进行答辩，他那桀骜不驯的头发和他的性格一样。但是一谈到关于很专业的军鸽问题，他却很自然地说："这个，你可以问郑洲，驯养方面他比我熟悉。"

有可能是长期与动物打交道的缘故，27岁的郑洲有着和他这个年纪非常不符的羞涩、单纯和沉默寡语。但是只要一谈到军鸽，他立刻就变得滔滔不绝、神采飞扬起来。

在部队里，每天早上7点钟，出过操吃过饭，郑洲就立马回来打开鸽笼，喜欢早起的军鸽们已经在鸽舍的空地上活动了起来。郑洲爬上了三层平顶鸽舍的楼顶，一手持一面红旗，用力挥舞起来，军鸽们看到了信号，立刻飞出鸽舍冲向了蓝天。不大一会儿，一支几百羽军鸽组合起来非常整齐壮观的队伍就围绕着军鸽队的院子开始了它们一天的"早操"。

郑洲说："军鸽的眼睛对色彩很敏感，它们害怕红色，我们利用这一点训练它们养成一种一见红色信号旗就起飞的习惯；它们不怕绿色，我们就训练它们见到绿色信号旗就降落入舍的习惯。"

军鸽们早上的飞翔训练一般进行1个小时左右，然后降落进入鸽舍用餐。

鸽子爱吃豆类的食物，特别是爱吃豌豆。因为豆类圆滑无芒，便于吞食，另外豆类的蛋白质含量也非常高。为了军鸽的食物营养而合理，郑洲还给军鸽配备了许多种副食，例如青菜、盐土、骨粉、保健沙等等。

军鸽在啄食的时候，郑洲也没有闲着。他照例开始观察自己的"士兵们"，熟悉着每一羽军鸽的特点。这多达几百羽军鸽不一定都有名字，但是每一羽是什么品系、适合飞什么样的地形、年龄有多大，他都一目了然。更为关键的是，在驯养中他慢慢地积累了经验，形成了能够准确辨别军鸽好坏的诀窍。

中国最早的养鸽专著《鸽经》里道："飞放论骨、论神，凡睛有光彩，目光如电，翅有骨力，六事翩刚劲者，即为佳品。"郑洲感叹说："古人的见解很有道理。一羽好的军鸽，不仅要有优良的血统，也就是它的父母要有很好的竞翔成绩和遗传素质，外观上也有很多讲究，尤其是军鸽的眼睛。"

郑洲说："军鸽4/5的营养都消耗在眼睛上。遇到不熟悉的鸽子，只要看眼睛就可以大致知道该鸽子的品质。"

看鸽子的眼睛的关键在眼沙。世界是非常奇妙的，任何一个生物体都是天生独一无二的。鸽子的主要区分之处就在眼沙，眼沙是分布在军鸽瞳孔外缘的一层面沙，它就像人的指纹一样，在众多鸽子中并没有完全相同的两个眼沙。

郑洲说："优秀军鸽的眼睛角膜明亮，眼沙清晰，色泽秀丽。通过军鸽眼沙的形状和颜色就可以判断这羽军鸽适合做种鸽、执行任务鸽还是全能鸽。甚至可以判断它是否适合在夜间、山地、沙漠或者海洋等不同地理环境执行任务。"

对于一名军鸽驯养员来说，其入门功夫就是如何分辨军鸽的优劣，然后再进一步的基本功就是军鸽的繁育问题。

当然，好的军鸽却不一定适合做种鸽，种鸽一定要可以培育出比自己还要优秀的下一代，种鸽要可以飞200千米，但是其后代必须飞500千米以上才算得上选配成功。当然种鸽的选择除了讲究眼沙之外，还必须注意它的年龄和羽色。

一般的军鸽的寿命大致都在15～20年。而种鸽的理想年龄却是在2～6岁这段时间。除此之外，羽色是相当重要的。一般情况下军鸽会选择瓦灰色、浅雨色、红绛色等，因为白色、杂花色的鸽子很容易暴露目标，因此并不适合选做军鸽。同时，军鸽的选择也会考虑到地域性的保护色。举例来说，瓦灰色适合海洋、海岛的飞行，而黑色则适于森林地区，红绛色很适宜于沙漠地带。

军鸽必须遵守严格的"一夫一妻"制，一旦配成一对，那么就不会再分开。不过人工配种的时候需要不同遗传特性的组合，所以有时候不得不棒打鸳鸯，将雌雄军鸽拆散饲养，以便让它们能遗忘原配。在分离的期间十分忌讳雌雄军鸽见面，因为曾经出现过军鸽为了寻找配偶失踪的现象。

军鸽在配对成功之后就开始筑窝产蛋。一般的军鸽一生产蛋大约有

50枚，而每次产蛋肯定是 2 枚。经过军鸽队长期的研究表明，军鸽的第一、第二、第三窝蛋质量最好，这个时候孵出的幼鸽体质优于后来者。所以有句话叫"头窝蛋，金不换"。因此，一般的军鸽都会保留前三窝蛋。因为在这 6 枚蛋中，就会出现一羽既可以做种鸽又能做执行任务鸽的全能鸽。

可以说军鸽是一个奇特的物种。因为它的雌雄不会像其他禽类那样，比如鸡，直接从其身体的外观就可以清楚地辨认。如果光从羽毛色彩、体形上很难分辨出来军鸽的雌雄。这种隐性特征让军鸽有时候自己也难以区分，从而导致同性两羽雌鸽相配。有时候发现在鸽巢里有 4 枚鸽蛋，那么这样的鸽蛋是不可能育出小鸽子的。不过雌雄鸽也不是全无区别，比如从体形、鸣声、性格等方面都可以作为特征，这需要长时间的经验积累才能分辨出来。郑洲说："熟悉的军鸽好说，遇到陌生的我心里也常常没底。"

幼鸽出壳之后还不能吃食物。而这个时候的雌雄鸽都会在胃里分泌一种鸽乳，军鸽队也曾经化验过这种鸽乳的营养成分，发现它与羊奶差不多，还有的人试图通过化学合成的方法生产鸽乳，但没有取得成功。

幼鸽长到第 6～8 天的时候，必须给它戴上足环，因为超过 8 天之后就不那么容易戴上了。军鸽的足环是一个铝塑环，中间夹着一圈纸，上面登记着军鸽的出生年月日和编号。为了增加军鸽的光荣感，有时还会给铝塑环打上军徽。

一旦被戴上足环就意味着幼鸽正式入伍服役，并且国家每年的军费开支之中就固定有它的生活训练经费。在退役之后，军队还要负责军鸽的养老，直到其自然死亡。功勋军鸽死后还将被制成标本，以供后人瞻仰。军鸽长到 28 天时可以离巢。而幼鸽一旦离巢，其父母就不会再管它，在此之后也不会有母子亲情。在军鸽之间只有夫妻之爱，并没有长幼之情，这样说起还是很残酷的。独立的小军鸽在熟悉了新的鸽舍，那么接下来就要接受基本的训练了。

军鸽基础科目训练中包括了信号训练、出入舍门训练、亲和训练等等。其中最为重要的就是亲和训练。刚开始的时候，因为训练的需要，会先把军鸽饿上两天，不给它喂食。两天之后给食时的时候，驯养员会先将食物撒到离自己很近的地方，引导军鸽过来吃。进而将食物放在自己手上，军鸽在左右四下观察没有危险的情况下，就会飞到驯养员的手上来吃东西。这样每次小喂一点点，一天多分几次，这样就会利用喂食的机会与军鸽之间增加更多的接触时间，逐步与军鸽建立亲密的感情。

亲和训练在 3 个星期左右就能够完成。当军鸽一见到驯养员就往他的头上、肩上、手上飞，那么就表示亲和训练已经成功。军鸽在往人身上飞的时候，就算是它把衣服弄脏了，也不能将它们赶走。否则有可能会惊吓到军鸽，使它们产生畏惧的心理，那么要想重新恢复亲和，就又会需要一段很长的时间。军鸽是一种很有灵性的小动物，它们虽然不会言语，可是它们懂得好歹，也懂得感情。

在基本训练完成之后，就会开始进行应用性科目的训练。应用性科目本来就比较复杂，它包括单程通信、往返通信、移动通信等训练。这也是驯养员每天日常工作之中最为重要的内容，当然也是难度最大的，因为这个过程不仅需要耐心更需要智慧。

军鸽通信训练依据的就是军鸽天生的归巢欲望。归巢欲望是鸽子在进化过程中遗传下来的天性，军鸽对于自己的鸽舍和窝巢是相当喜爱的，一旦记住了自己的鸽舍位置就永远不会忘记。以后军鸽飞到任何的地方，都会感到不安，一旦获得了自由，那么就必定会竭尽全力以最快的速度飞回老巢。

有一个关于军鸽的悲壮故事：美军在二战的滇缅作战中使用过一羽叫"美男子"的军鸽，它以速度快、勇敢而著称，曾经从前线带回过46 次重要情报，美军授予它十字勋章。而在执行第 47 次任务的时候，这羽雄性"黑雨点"军鸽被炮火击中胸部，受了致命的重伤。虽然如此，可是它还是挣扎着飞到鸽巢的上方，不过因为流血太多，它还没能落地就在空中牺牲了。据说，"美男子"从空中直线摔下来的情景相当壮烈感人。由此可见军鸽归巢的欲望是多么的强烈。

应用科目训练首先是单程通信训练，主要以驻地鸽舍为中心，然后把军鸽携带到一定距离外任何地点，放飞军鸽让它携带信息归巢。一般情况下军鸽可以负担 60 克的重量，在其达到极限的时候可以达到 100 克。就算是负重，它的飞行速度也相当快，顺风时速可达 120 千米，逆风的时速也能保持在 40 千米左右。

在通过单程通信训练的基础之上，就可以对其进行往返通信训练。往返通信是利用军鸽的食欲和栖息欲加以训练，也就是一地给食，一地给住，使军鸽在吃住两地之间养成有规律的往返飞行。这种训练之中最需要注意的就是对于中途落地自寻食物的军鸽要强行纠正，如果纠正无效的话那么就只好淘汰。

因为军队的作战任务是不断变化的，这就需要军鸽训练在单程、往返的基础上升级难度，从而进行移动通信训练。移动通信训练要使用刚出巢的幼鸽。在训练前期的时候首先要建立移动鸽舍。移动的鸽舍一般选在周围视线开阔、四周没有树林或者建筑物的地方，这样有利于幼鸽熟悉移动鸽舍。将幼鸽从固定鸽舍转移到移动鸽舍后，首先进行与人的亲和、熟悉移动车和信号等例行的基本训练。然后，采取将鸽舍入口进行一定角度的变换，让军鸽进行辨认不同方向的方位训练。这个时候鸽舍的位置是不动的。在完成这个训练之后，再进一步升级，将鸽舍移动 50 米，训练军鸽归巢。在成果稳固以后，再移动 200 米，一直训练到在 60 千米以内，地点至少变换 7 个以上后，这样才能达到实战要求。实际上，在实战中为了保证安全，每次都是放飞两羽军鸽执行同一个任务。

因为军鸽执行任务途中有可能会被老鹰捕杀，所以这就需要对军鸽进行防鹰训练。军鸽的天敌就是鹰类。常见的鹰类有隼、雕、鹞、鸢等 20 多种，经常会有鹰类在军鸽队上空盘旋，想要捕食军鸽。有人做出过统计，远翔的鸽子一般损失率在 30%～40%，不过这也正是自然界残酷的生存法则。

因此，军鸽队就需要想更多的办法与鹰斗智斗勇。鹰和乌鸦同属猛禽，当鹰捕获到食物的时候，乌鸦喜欢群集而至，来抢食鹰的食物，为此，鹰非常讨厌这些黑家伙，总是设法避开它们的纠缠。军鸽队就利用这一点培育出了黑色的军鸽，这样就可以给鹰造成错觉。还有就是可以形成与森林等地形同色的保护色。

不过军鸽再怎么说也只是鸽子而已，一旦被识破就会难免遭到毒手。后来，军鸽队研究发现，鹰的翅翼窄，下降非常快，一分钟就是几千米，可是其上升的速度却很慢。鸽子的翅翼宽，下降阻力大，但是上升推进力强，可以说是鹰的两倍。利用鸽子的这个生理特性，军鸽队将军鸽拉到附近多鹰隼出没的山上，让军鸽与鹰类狭路相逢。在军鸽遇到鹰隼的时候，训练员就会发出信号，强制军鸽振翅高飞，因为军鸽上升的速度很快，一下子就摆脱了鹰的追击。时间一长，鸽子就会形成条件反射，一旦遇到鹰类，它们就会自行高飞，从而避开鹰类。再后来，军鸽队专门培育出了一种不怕鹰的军鸽——"森林黑"品系，光是这个品系就花了军鸽队整整10年的时间。

　　我们都知道，鸽子是和平的象征，同时，鸽子也是军中一员。无论是在古代战场还是在包括二战在内的近现代战场，军鸽在很多战役之中屡立战功。在中国的边海防部队，也经常能够看到鸽子展翅飞翔的身影。边防官兵说，爱养鸽子，不仅仅是为了解除寂寞，因为鸽子也是大家执勤巡逻的好帮手，更是战场上特殊的"通信兵"。

战场内外，英勇军鸽屡立奇功

　　初秋的云贵高原，天高云淡，山花遍野，而在这里边防某部举行的军事演习激战正在上演。在狭长的山谷里，有一支部队被围堵，在强大的电子干扰下，通信信号也被中断了，眼看就要被对方一举歼灭，战场的情况相当危急。就在这个时刻，"啪啪！"一只黑褐色军鸽拍打着翅膀，带着战场信息悄然冲出山谷，直奔指挥部。很快，战场的形势就峰回路转，一支援兵仿佛从天而降，从背后猛烈一击，"撕"开一条口子，两支部队迅速形成合力直逼对方……

　　而这一只突出重围、为这支部队带来转机的"森林黑"，正是出自中国军鸽队。因为军鸽具有许多现代通信技术无法替代的作用，它不会受到气候、地形、电波、雷达等的干扰，同时也具有惊人的飞翔耐力和归巢毅力，能够在千里之外的异地，凭着地磁感应和生物钟导航飞返故里。

　　军鸽具有保密、隐蔽的特点，雷达探测不到，飞行速度极快，每小时最高可达 170 多千米，还可以载重 35 克，运载一个 4G 的存储芯片毫不费力。有一年，驻滇边防某部"风雪垭口排"一名战士突患重病，因为当时连队处在深山峡谷，缺医少药，卫生员急中生智，就把病员的情况写在纸条上，塞进 4 只军鸽的脚管里，然后将它们放飞。在 2 小时之后，4 只军鸽整齐地飞回来，并且带来了从团部取来的药品，而这个战士得到了救治。

训练有素，军鸽犹如"钢铁战士"

军鸽队，驯养员正在对鸽子进行旗语训练。只见驯养员正举起小红旗左右挥舞，鸽群立即冲天而起，在空中编队飞翔，吴佳将红旗换成黄旗，鸽群又随即俯冲低飞……

不过，军鸽在没有受过训练的时候，其实和普通的信鸽没什么差别的。在 300 只普通信鸽里面，只有 100 只能够经过特殊训练从而成为蓝天"通信兵"。

在军鸽队曾有一只优秀军鸽，雪白的羽毛镶嵌着深红色花纹，称得上是军鸽中的美男子。每次训练的时候，都是它在前面引领鸽群飞翔。然而一次训练之中，一只老鹰却忽然从天而降，啄中了它的后脑勺。虽然被鲜血染红了羽翼，可是它仍然勇敢地带领鸽群奋力回飞。回到军鸽队，奄奄一息的它一头栽在了地上，从此再也没有起来。这件事让军鸽队的士兵心痛不已。因为在边防高原地区鹰很多，从那个时候，他们就开始对鹰的特性进行研究，然后加强鸽子对老鹰的对抗训练。

点多、线长、面广是边防部队的特点，那么作为军鸽就必须要适应边防的需要，还必须有穿越高山密林、大漠戈壁和不分天候时段执行特殊任务的能力。所以，军鸽队经过杂交培育，在中国军队第一代军鸽品种——高原鸽系基础上开发出来新一代军鸽"高原雨点"。"高原雨点"穿越高原、雪山、大漠、密林的能力更强。而现在的每次晨练，鸽群都要完成数百千米的竞翔；对于夜间的训练，则要在 50 千米甚至是更加远的距离放飞，以此来锻炼军鸽的夜航能力。

边防部队还把军鸽的应用范围从边防向海防方面拓展。在 20 多

※森林黑

年前，驰骋在太平洋上的中国远航舰队水兵收留了2只脚环上印着"台北"字样的受伤信鸽，官兵们为它们取名为"回回""归归"，并且通过各种途径辗转送回到了中国军鸽队。军鸽教练员陈文广经过仔细观察和研究发现，台鸽之所以能够飞越大洋，是因为它们具有适应海上远翔的"向洋性"，而在云贵高原的信鸽则具有"向山性"。于是，陈文广就将这两种良种鸽子进行了杂交繁殖，还成功地培养出了既具有"向洋性"又具有"向山性"的一代名鸽——"应验鸽系"，此鸽在当年的信鸽大赛之中取得冠军。

经过对军鸽的严格训练，那一只只犹如"钢铁战士"般的军鸽，现如今已经在南海舰队等部队服役。云贵高原、北国塞外、天涯海角、西北大漠……在祖国的万里边海防线上，到处都能看到军鸽自由翱翔所留下的矫健身影。

兵鸽情深，保家卫国心系和平

刚清晨，高原上微风轻拂，军鸽群正在迎接着初秋的朝阳振翅高翔。在它们之中，既有来自世界各地的名门之后，也包括军鸽队自己精心培育的"高原雨点"等近30多个品种，150个系列。

军鸽队今日的驻地，就是第二次世界大战之中，原美国空军志愿人员组成的支援中国抗战的陈纳德"飞虎队"旧址。在二战结束的时候，中国留下500只军鸽，而信鸽爱好者陈文广就收养了一些世界名鸽。新中国成立之后，陈文广参军入伍，同其他人员一起创建了中军第一个军鸽训练基地。军鸽队目前只有2名干部、3名战士。分队长李宜望是武汉军事经济学院高材生。当他第一次走进鸽笼的时候，浓烈的粪便味就让他紧捏着鼻子，眉头皱成一团。后来，他慢慢了解了这些军鸽的历史，在与军鸽相处的过程中也与军鸽慢慢产生了感情。在幼鸽出生的时候，李宜望和大家一起精心为每一只军鸽建立档案。而总部对于军鸽的伙食标准有具体的规定，于是李宜望钻研种鸽的营养学，在夏季，他在伙食里添加绿豆来帮助军鸽消暑；在军鸽换毛的时候，他就在伙食里加含油质的芝麻、花生等等。每天晚上睡觉之前，李宜望必须要做的就是去鸽子宿舍"点名"，然后检查一下是不是有鸽子夜不归营……

郑洲是三级士官，入伍时就在军鸽队，十几年以来几乎没有休过一次完整的假期。在鸽舍里，郑洲用牙齿衔着玉米给鸽子喂食，抱着篮球教鸽子娱乐。时间长了，这些鸽子与他达成了默契：鸽子高兴的时候，就会啄他的耳朵，蹦到他的头上；鸽子饿了渴了，就咕噜叫唤着围着他打转；他呼唤鸽子的名字，鸽子就会很快咕噜着跳过来……

每只军鸽服役的时间不是很长，一般只有 6～8 年，于是官兵们就在赛鸽楼背面腾出 4 间鸽舍，专门作为退役军鸽的"干休所"。现在的"干休所"里面还住着150 多只"老战士"，在它们之中有许多都是立过功劳的，也繁殖过优秀的鸽种，虽然它们退役了，但是战士们依然每天悉心地照料着它们的饮食起居。

夕阳西下，天色渐渐地暗淡下来。鸽楼顶上红灯闪亮，军鸽的夜间训练又开始了。在一阵阵的鸽哨声中，鸽子都在努力的接受训练。军鸽队已经为部队输送 5 万多只军鸽，为边海防部队培训军鸽员 1 100 多人；为了针对一些现代通信的盲区开展军鸽传书的重点训练，他们还专门组织人员去边防哨所调研。

◎ 军鸽特别的任务

当通讯失去了信号，而四周又是茫茫的雪原，几名士兵还被围困在铺天盖地的暴风雪之中，其生命危在旦夕。在紧急的时刻，有一个人放出了军鸽，它不负众望，穿越风雪，及时地搬来了救兵，最终使大家脱离了险境。这正是新疆某边防武警巡逻分队的一次真实经历。在这个卫星通讯的时代，无处不在的高科技也存在着缺点。在某些特殊条件下，军鸽能够不受无线电的干扰，不容易被雷达发觉，它能够到达许多卫星信号覆盖不到的地方，从而完成通信的使命。因为军鸽本身所具有"简便、灵活、快速、准确"的特点，因此，至今在世界各国的军队之中仍然占有特殊的地位。

※皑皑白雪

现如今，比利时的"安特卫普"和中国的"应验鸽""高原雨点""森林黑""小麻佐"等是军鸽最主要的品种。而这些品种一般的飞行里程都在 1000 千米以上。早在 1982 年，"军鸽大王"陈文广利用杂交优势培育出来的"应验鸽"在上海举行的由低海拔向高海拔的竞翔比赛中，经受了超远距离、雷阵雨、高海拔和山高鹰多的严峻考验，其一路穿云破雾，搏击风雨、老鹰，共历时 25 天，飞行了 2150 多千米，夺得了冠军，同年在西班牙巴塞罗那举行的世界信鸽大赛的冠军鸽也没有超越其远程飞行能力。

在和平的年代，军鸽所履行的职责就是蓝天信使，它们往往在最关键的时候准确地传递信息，从而挽救了许多生命财产。

※高原雨点

有一次，祁连山山洪暴发，当地的通讯设施都被毁坏，正是通过军鸽千里送信，才使得当地 52 个县的民众躲过了灾害的袭击。

目前，军鸽基地在沈阳军区建立了专门的军鸽通信点，所有培育出来的军鸽都会服役于空降兵部队、南海舰队、东海舰队和边防部队，它们肩负着祖国交给它们的在中国军事史上的特殊任务。

▶知识链接

　　世界上最早使用军鸽的国家之中有中国。1950 年，云南边防公安总队从苏联军队带回 200 只苏联鸽子和波兰鸽子，从而组成了第一支军鸽队。而当年，在昆明市薛家巷组建的这支军鸽队，现在已经发展成为解放军军鸽基地，在这个地方曾经先后培育、繁殖了 5 万多羽共上百个品种的军鸽供陆海空三军使用，特别是对于边防和海防部队。

|拓展思考|

1. 军鸽的功绩你能说出来么？

2. 请你写出军鸽的训练。

3. 军鸽碰到鹰还会执行任务么？

军鸽大王

Jun Ge Da Wang

军鸽队不仅需要训练军鸽远程回家的本领，还要训练军鸽与老鹰斗智和斗勇的军鸽本领。老鹰是鸽子的天敌，它们以鸽为美食，云南的老鹰达到了 25 种。鹰的俯冲速度是鸽子的两倍，但是鸽子向上的飞行的速度快于老鹰的速度，平飞速度则与老鹰的速度一样，一分钟可以达到 3000 米。

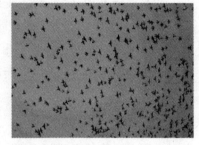

※翱翔的军鸽

因此，军鸽队的教员用来训练军鸽平飞和向上飞行的速度来摆脱老鹰的攻击。军鸽基地训练处的鸽子都是戏弄老鹰的高手，使得老鹰望鸽莫及。

陈文广的名字在欧亚两洲的信鸽界是颇有名气的。有人称他为云南信鸽界的泰斗；有人称他是中国信鸽界举足轻重的人物；有人称他为是当之无愧的中国军鸽大王；有人说他是"新中国军鸽通信事业的奠基人"；亚洲赛鸽的联盟、香港赛鸽协会的张礼明副会长先生称他领导了中国信鸽的新潮流。

老昆明城有一条小有名气的广聚街，顾名思义就是广东人和广西人聚居的街道。

在这条街上，住着一位从小就以掏麻雀为乐的顽童陈文广。陈文广是在 1931 年出生的，在广东的肇庆居住，"卢沟桥事变"爆发以后，他便与家人投奔早在清末就已经迁居到昆明的祖父。

在昆明东升小学读书的时候，陈文广就被两篇课文所吸引了，《最后一课》与《喜阿米》，他说这两篇课文成为他人生轨迹的重要的转折点。在《喜阿米》中，他是第一次知道了信鸽，梦想着有一天也可以拥有自己的爱鸽。

在广聚街的附近南强街的店铺林立商贩云集处，街上一个鸽摊吸引了陈文广。摊主是姚安人，从姚安那里收购鸽子来到这里贩卖，姚安山地鸽是云南的土著鸽。每当看到这些关在笼子里不断扑腾并发出"咕、咕"声的可爱小精灵的时候，陈文广总是兴奋不已，从中寻找到乐趣。终于，攒下几个银毫的他买下了一对姚安的红鸽。

生平第一次有了自己的鸽子，陈文广很是精心喂养，倍加爱惜。"小姚安"一天天的长大，他便带它们到空地上，小心翼翼地打开鸽笼放飞。谁知"小姚安"扑腾了几下就落到地上。这个时候，他才知道鸽子需要经过训练才可以放飞，所以他决心拜师学艺。

◎拜师学艺

在那个温饱还成问题的年代，玩赏信鸽可是富人的消遣。昆明青龙巷大多数都住着达官贵人，这里有一位对云南高原鸽颇有研究、口碑甚好的鸽家蔡兴。有一天，蔡兴在青龙巷劝学堂操场与人赛鸽，陈文广闻讯也赶来观战，第一次见到鸽子还可以竞翔的大场面，让他大开眼界，很是唏嘘不已。

只见鸽子的主人们从笼子里抓出鸽子，分别绑上二联、三联甚至九联鸽哨，鸽子送上蓝天，会发出串串悦耳动听的"嗡、嗡"的声音。那个时候的竞翔赛计时是不用钟表的，大多数也不比距离，而是比留空的时间，所以放飞信鸽之前有一个"燃香计时"的程序是不能少的。

香烛燃起的时候，参加竞翔的人们在喝彩声中一齐将信鸽子送上蓝天。只听"嗡、嗡"声掠过头顶，鸽子由大变小，再变成一个小黑点，最后从人们的视线里消失。

竞翔的人们在哨笛由远及近，又由近至远划过长空在悠长悦耳的享乐当中，耐心地等待着信鸽的归巢，他们边饮边聊，真是其趣无穷。陈文广也见景生情，赶紧为几位前辈添茶加水，赢得了众人的好感。就在第三炷香快燃完的时候，第一只信鸽飞回来了。第六炷香快燃完的时候，蔡兴的信鸽才飘然而至落到他的肩上。根据规则，蔡兴的信鸽飞得最高，留在天空的时间最长，获得优胜。众人拱手恭维，蔡兴得意之情

有趣的军事——动物在军事中的作用

洋溢在脸上，兴起的时候欣然地接受了陈文广三叩，成为了他的启蒙老师。从此，有着共同的兴趣爱好的一老一少结成了忘年之交。

◎初试锋芒

当时昆明信鸽圈分为两大门派，一派是以蔡兴为首的云南高原鸽"本土派"，另一派则是以洋务人员为主的"外血派"。蔡兴虽然是农家出身，但是他并不保守，也非常懂得远缘交配出好鸽的道道儿，从而想方设法弄到一些外血鸽。

在蔡兴的帮助下，聪明好学的陈文广渐入门道，身边也集聚了一群少年鸽友。昆明银行家钱仲是铁杆"外血派"，他曾经邀约几位派中高手同陈文广过招。钱仲认为蔡兴的那些老玩法已经过时了，需要按照新规则的比赛，也就是说，在国际通行的异地来进行放飞归巢。

※老昆明街的鸽子大王

比赛的地点定在了昆明的东郊小板桥下。陈文广与几个朋友在天不亮的时候就从城里出发，拎着鸽笼沿滇黔的公路到达目的地的时候已经是日上三竿。这时，钱仲他们才驾一辆雪佛莱小包车姗姗来迟。首回合的交手为1：1。其实陈文广他们并不懂得新规则，一切由钱仲说了算。

回到家的时候，蔡兴告诉了陈文广，外血鸽是欧洲鸽，爆发力强速度快，短距离比赛比较占优势。我们的山地鸽优势就是耐力好，要比就要比远距离。于是第二合回交手定在宜良，陈文广他们推举了一位同学骑单车前往。这位同学带着4只鸽子，怀揣一个麦粑粑上路了。谁知半路杀出了几个抢劫的人，同学怕鸽子被抢，随手就将鸽子放飞了。这一战他们铩羽而归，但是随后由外血鸽和本土鸽杂交的后代却在"夜翔"大赛上大获全胜。

◎如获至宝

抗战的时候，美军驻扎在昆明关上的通讯部门有 8 卡车的军鸽，通讯兵们打着旗语、吹着口哨训练军鸽的情景，令昆明人大开了眼界。美军的鸽队队长谢约翰是个祖籍为广东梅县的华裔，陈文广与小伙伴们经常去看美军训练的时候结识了他，并且成为了好朋友。1945 年年底的一天，美军厨师老九哥带来了一条消息：美军要撤了，谢约翰要把鸽子给耀龙电力公司的金龙章。陈文广一听就急了，邀约了 5 个小伙伴凑到了 5 块大洋要买军鸽。谁知道谢约翰在"不卖"声中逗了一番他们之后，慷慨地将 62 只军鸽送给它们，还有通讯管、巡逻箱、空投笼、医疗箱，很是让他们喜出望外，如获至宝。

> **▶知识链接**
>
> **·运用于军事的鸽子·**
>
> 　　早在汉唐时期，鸽子就已经被用于军事上了。北宋的时候鸽子虽然还没有被驯化成通讯鸽，但是已经成为伏兵进攻的信号，鸽子就被带入阵地，时机一到就会放飞鸽子，伏兵立即出击。二战的时候，军鸽的运用已经登峰造极，成为了重要的通信工具，特别是诺曼底登陆与滇缅的战场上，军鸽都立下了赫赫战功。

二战的时候是云南军鸽发展的黄金时期，美、英、中、日的军鸽都用于滇越铁路、驼峰飞行、远征军作战、滇西战役等。这一时期的军鸽还被细分为单程、留置、往返、夜翔等通讯鸽，不同的军鸽都会执行不同的任务。有一种德国血统的卡利拉斯鸽，它的身上还捆着微型照相机肩负着侦察的任务。更有甚者，身上绑有炸药充当炮灰，冲入敌方的阵地和坦克同归于尽。

陈文广原来是成都军区驻滇某通材库的军鸽队的教授级首席教员，当过数届昆明市的信鸽协会主席，是我军历史上第一位军鸽副教授，也是目前全军惟一一个获得教授职称的军鸽教员。几十年以来，高原、海洋、湖泊、沙漠、森林以及高寒、高热、强磁场的地区，都留下了陈文广的身影。

陈文广呕心沥血了 50 年，培育出了"高原雨点""应验系列""森林黑""小麻佐"等名军鸽，还培育出了 150 个新型军鸽系列，以至于他的军鸽队伍也成了"军鸽王国"。

陈文广退休之后，创办了"云南高原信鸽的研究中心"，自己担任技术总监。他对鸽子有着一种特殊的情感，不论是刮风、下雨、降雪还是生病，他都要每天骑着自行车往返 20～30 千米的路途去军鸽队看鸽子。他说他这一辈子和鸽子有着一种割不断的情愫。

陈文广养鸽子也把自己养出了名，来来往往找他的人特别多，有中国的，也有外国的。这些人有的是来向老人要鸽子的，有的是来取"鸽经"的，也有一些是来收藏鸽子的，一些赛鸽子的人会不惜高价的来购买老人的"千里鸽"。陈文广老人从不保守，也不贪图钱财。他说，自己养鸽已经有 60 多年了，培养鸽子不是为了谋利，要不然自己早就以此发家了。

陈文广与鸽子相处时间比较长，也必然会有许多有趣的故事。80 多岁的陈文广，一头银发，满面红光，气色尚好。经历半个世纪的风雨，他依旧对军鸽的一往情深。他说，新中国成立以后的不久，在一天的夜里，边防线上一军人得了重病．在十万火急的情况之下，是一只军鸽来回用来半个小时的时间给病人带来了药品，救了那位军人的生命。还有一只鸽子的一只翅膀在被枪打中的情况下，仍然把信送到了目的地。谈到这些"英雄鸽"，老人总有说不出的感动。

陈文广老人也有自己的"忧伤"。陈老讲到，目前云南鸽已经出现了两个"制约"，一个是地方的一些人总是鼓吹外国的鸽子如何如何的好，而不用云南鸽。有许多的鸽子甚至遭到了毒杀，成为了人们的餐中美味；另一个则是养鸽技术出现了"危机"，培养鸽子就如同刚学下围棋的时候，一些人不讲技术就胡乱配种，这样势必会减少良种的数量。

云南鸽有着的辉煌历史。云南的鸽子在世界上都是赫赫有名的。在云南可以飞 500 千米的鸽子，到了平原的地带它就可以飞 1000 千米。陈文广希望养鸽的人可以重视这些问题，要把云南鸽好好培育下去。

云南军鸽的储存是从上个世纪 20 年代开始的。20 年代末的时候，法国人在修越南国内到云南昆明铁路的时候，就带了一批通信鸽来到了云南昆明。他们就在越南铁路沿线用鸽子来传递信件，这条铁路叫做滇越铁路。在修铁路的时候，通信装备本就不太好，为了预防线路故障就用鸽子来作为辅助通信。火车到了这个站，就会将鸽子放到下一个站，就是向对方表示火车已经整点到达，回程时候也是和来的时候一样。

30年代，蒋介石为了控制贵滇，经常不给予装备，云南省主席龙云为了加强滇系的实力，就自己向外国进口武器装备和技术装备，买了大批的枪炮子弹，引进了装备滇系。在引进武器装备的同时，还引进了各种军鸽、军犬和军马。

军鸽引进的是德国和法国的鸽子。德国的鸽子是卡利拉斯，法国的鸽子是西翁。德国的卡利拉斯，它的译音其实是叫做运输鸽，就是带东西的人。卡利拉斯是一种运输鸽，它的身体非常轻，却可以背60克重的微型照相机。我们现在对通信鸽的名词的解释就是运东西的鸽子。关于法国西翁的历史，这里还有一段故事。滑铁卢大战的时候，法国巴黎被围了，在这样的情况之下，全部是靠20万只鸽子与外界联系的，传递巴黎围城内消息的就是西翁这个鸽子。

40年代的时期，是云南军鸽的黄金时代。云南军鸽由三个部分组成：一是美军的军鸽，二是日军的军鸽，三是国民党的军队军鸽。

美军的军鸽经过中印、中缅司令史迪威将军之手迅速发展壮大。他在云南昆明组织飞虎队到缅甸传递信息，就是用军用鸽为部队战场服务的。

美军的军用鸽品种有亚尔斯、威尔逊系，还有荷马贺姆。这些鸽种组成了陈纳德飞虎队的军鸽。在二战的时候，整个美军都在用昆明的军鸽，总数约有5000只。

很多写鸽子的书中，都含有疑问，谁也不知道二战的以后美军这批军用鸽到最后都去哪里了。其实，最后都到中国军鸽的队伍里去了，也就是昆明军鸽队，因为陈文广当时把它们收集起来了。

美军留在军鸽队的大约有800多只，另一部分都成为了国民党军队的鸽子。

1944年，日军从缅甸打到我们云南滇西的松山，历史上称之为"松山战役"。所以有这种说法：到过云南而没有去过松山，就不算是真正到过了云南。在当时，约有两三百只日军的军鸽流落在了民间，品种大多都是比利时的安特卫普鸽。

那个时候，滇西的松山寨、怒江对岸驻防着国民党的 26 军集团。他们的军鸽和日本的鸽子品种一样，大多也是用比利时的"安特卫普"鸽种同中国的"红血蓝"的古典鸽子配出来的军用鸽。这支军鸽队最初是用来 30 只比利时的"安特卫普"鸽，又用了中国的 30 只"红血蓝"鸽子配成的。二战的时候，就用 300 只比利时的"安特卫普"配了中国的 300 只"红血蓝"

※昆明鸽

鸽子。经过培育改良的这批军用鸽，已经打遍东南亚，打遍全世界。国民党那里的军鸽还有一些是意大利的"赛罗拉"鸽和德国的"莱茵"鸽。所以说，二战期间是云南军鸽的黄金时代。因为这些鸽子都是用来打仗的，是为战争服务的；也就是说那些军鸽个个都是精品，不是一般外边卖的那种鸽子。特别是美军的这些军用鸽，好多只都是汇集在昆明的关上地区，就是通材库现在的所在地。二战以后，这三部分的鸽子都到了中国军鸽队。

日本军鸽

老一代的鸽友都忘不了胡桂桢先生，他一生从事鸽子营销，传承名种血统，为了上海信鸽的多元化做了不少的好事。自 1946 年起，胡先生在邑庙裹园茶楼卖出的鸽子大多的都是灰壳的日本鸟。

胡先生当时接触到的是大鼻泡灰鸽，有的时候还带着"昭和年"、"帝鸠号"足环，却不知道这批鸽子的来历。市面上养日本灰鸽子的人比较多，价格不高，那个时候胡先生住南昌路法国总会（今科学会堂）对弄，读书是在南车站路大同大学的附属一院，两地相隔大约为 4 千米。胡先生早晨去学校的时候经常带着几只鸽子放飞，记得有一次两只日本鸽后代就没飞回来，可能与当时风行的兄妹配、父女配，养近血纯种的思潮有关。也可以低价买鸽子，这是胡老从日本军鸽中选过之后的

"剩余物资"。

1947 年，中国有了第一本信鸽杂志创刊，曾经登载养鸽前辈赵瑞兴写的《日本军鸽放飞不理想》的文章。但是，赵瑞兴还是喜欢日本灰壳银白蓝底的桃花眼砂，决心要买到自己心满意足的日本鸽。1948 年春节，他积聚了不少的压岁钱，就兴冲冲地赶到裹园问胡桂桢先生："买两只好的日本种鸽要多少钱？"胡先生指着最上层的两只灰鸽说："这一对带昭和脚环的要 10 块银元。"经过多个回合的讨价，反复的将鸽子捉出看了几遍，最后胡先生说："8 元银元不能再少了。"成交之后，他用手帕将鸽子包扎好之后，一再嘱咐要好好养不要让它飞掉，它们是从南京日军鸽中挑出来的好鸽子。以后他就常在裹园茶楼看胡老做生意，听上海名家引进外国鸽子的新闻，在那里他得到了不少有关于日本鸽外观形象、眼砂色素等信息。

1951 年他去北京读书，1965 年迁到成都继续养鸽。1968 年有幸再次的与胡桂桢先生相聚，那个时候胡老已经 80 高龄了。拜访是王宝梦先生（原上海市鸽协委员）陪同他一起前去的，在成都北路他的宅第中见的面，胡老的身体极好，总是满面红光。当他提到日本军鸽时，他的精神就来了，话匣子一打开就滔滔不绝的，我非常想知道他买日本军鸽的历史，于是与胡老先生做了一次刨根问底的对话。

问：抗战胜利以后你每个星期都在一处卖日本鸽，那些日本鸽都是从什么地方来的呢？

答：抗战胜利，日本投降了，南京的日本军鸽被国民党所接管。在当时国民党要接管的事情比较多，他们也搞不懂这些鸽子，并且还无暇顾及军鸽之类的事务，但是日军留下的军鸽必须要及时处理。南京遭日军大屠杀之后人口大减，养鸽人非常的少，无人买鸽子，全国只有上海可以承受如此大的数量的日本鸽子，经过别人的介绍，我就冒着风险去了南京，购鸽的费用很大，我东借西凑却还是不够，最后变卖了老太婆的（指胡师母）全部首饰才去南京的。到了南京，军鸽所的日军是树倒猢狲散，已经没有心思去管理它们，所以几百只军鸽很瘦弱，但是也可以看出不少的鸽子质量是非常好的，于是就买了下来。

问：那么多数量的鸽子，你是用什么样的方法运回上海的？

答：当时的确是非常困难的，铁路运输极度紧张，也没有那么多的笼子可以装鸽子，我想可以用船运的办法，最省钱也最简单了。于是租了一条木帆船，将整个中舱用竹子编成一只高大约有 3 米，长宽与船舱一样大小的呈长方形的竹罩，为了可以使鸽子不挤在舱底，竹罩中间按一定间距串扎了 20 多根晒衣服用的竹竿，让一部分鸽子栖息在竹竿上。我就是用这种办法顺利地将日本军鸽运回到上海的。到了上海之后也没有大的鸽棚养，于是和上海各大饭店的菜馆进行联系，将一批质量较差的鸽子当菜鸽卖给他们，留下 200 多只质量比较好的关在自己的棚里，以便于日后慢慢的销售。

问：在当时日本军鸽羽色有哪几种呢？是什么品系？有没有血统资料？

答：从南京买来的日本军鸽主要是以灰壳为主，部分是雨点，也有黑兆和白鸽，但是后两种的数量很少。军鸽的鼻泡普遍很大，桃花眼占大多数。当时的日本军鸽所很乱，我根本没有想到跟他们要军鸽的档案材料，至于鸽子执行任务以及驯放资料也没有见到一张，也不懂得这些材料真正的研究价值，我只是交了钱之后捉鸽子。以后我才听说这些日本军鸽是年从英国引进有大约 100 多只，后又从比利时引进了 300 多只，年又从德国引进的 50 多只组合成的群体。

问：听说在上海参加比赛的日本军鸽成绩不是很好，我过去养的 4 只日本鸽后代放苏州只飞回来了一只。上海其他朋友有没有放的很好的日本军鸽呢？

答：日本军鸽中有很多眼砂非常亮，底砂干净，体型比较好，非常漂亮，质量是很好的。但是在当时上海讲究原对相配，不喜欢杂交，要求鸽子眼砂要与父母是一模一样的，这种方法生产出来的后代虽然好看，也配养鸽人的胃口，但是放起来就不灵了。我给汪顺兴的一只日本鸽，他巧配之后有了不少的好成绩。还有一些朋友是用日本鸽配李鸟，培尔琴在上海放兰州、西宁有飞回来的，（他指了指梳妆台上的十多张奖状）我自己也放出了成绩。

问：你现在的棚里还有没有日本鸽吗？（抗战胜利 24 年此问不够恰当）

答：原种日本军鸽可以说没可以活到现在，我现在棚里是日本鸽的第三代已经 9 岁多，我觉得这几只是很不错的。

中午，胡师母烧了宁波人喜欢吃的咸菜黄鱼汤，吃完饭之后接着看鸽子，棚在晒台，共三层三棚大约有 10 多只鸽子，4 只是灰壳的，其余的都是淡雨点清一色的桃花眼，一看便知道是日本军鸽的后代，它们风姿依旧，唯鼻泡小了，非续航神气，这是经过胡老改良之后的新气象。胡老说："我已经是风中残烛，养几只用来解解闷。"又说："别看我 80 出头，眼睛还是很好的，鸽子在天上飞，如果不超过 16 只，我在半分钟之内就能数出几只来。"看完鸽子之后他要我们捉二只去养养，和宝楚说："老先生还是自己养吧。"胡老先生用自己的聪明才智，和认鸽的特殊本领让养鸽界得益，自己受惠是名正言顺，他还以上海滩独一无第二人的勇气，背着风险毅然的从南京购进大批的日本军鸽，对促进上海信鸽事业的发展和上海信鸽能立足世界鸽坛，在超远程竞赛中没有一个国家可以相比的归巢数，他是有一定功劳的。

| 拓展思考 |

1. 军鸽大王叫什么名字？
2. 军鸽大王养了多少年的鸽子？
3. 你能描述出来日本军鸽的特点么？

世界军鸽

Shi Jie Jun Ge

英国的罗拉种鸽舍拥有的 6 只巴塞罗那冠军，每一只都称得上是一等一的超级名鸽。那么名鸽的标准是怎样的呢？没错，就是出类拔萃的赛绩。它们都是在最大规模的欧洲巴塞罗那国际长程大赛上年复一年地飞出优异的成绩。而赛绩就是最真实的血统，也是血统的唯一依据。好的鸽子必定拥有优秀的血统，那是家族群体的赛绩史，不过就算拥有良好的血统也不能注定就能成为一只好鸽，因此，需要学会辩证地看待信鸽的血统，如果只是盲目地崇拜迷信或者摒弃排斥都将会成为失

※飞翔的军鸽

败的开始。

◎超级种公

当然，英法的赛鸽历史肯定不会输给比利时，单从其国力来说，200年来英法的强盛也远非荷比所能比拟的。敢倾其所有投入于赛鸽运动的人也不在少数，再加上其高超育种和竞翔能力、赛事组织管理等诸多方面，都丝毫不逊色比利时。只是比利时的信鸽属于国家产业，这样为商业经济的发展也提供了诸多方便，但很多英法名家名鸽更多是在自娱自乐中消逝，而并没有成为商品经济时代的"贵重品"。

今天就让我们来认识这只法国二战后最伟大的中长距离赛鸽，后来它被称为"超级种公"。出生于1968年的小灰雄，环号457421－68，源自法国北部一个鸽友欧华尔。幼鸽时期，这只流淌着卡米勒和比利时布里考克斯血统的西翁鸽，因为个头太小，被当成是小母鸽转让给了鸽友格鲁森。欧华尔是法国北部的鸽友，在二战后法国北部与比利时交界的几个省最流行的血统就是西翁和布里考克斯。因为二战的战火毁掉了布里考克斯一生的精华，而在战前同卡米勒及保罗西翁等人的大批幼鸽交换品，则为法国北部赛鸽留下了宝贵的种源和基因。当然也包括这只小灰雄，它毫无疑问也是这一路血脉的后代。不过，到它功成名就之后，原始主人欧华尔也没能给它的血统出一张证明。

格鲁森一开始只是把它当成一只非常平常的小母鸽，直到第二年春天的时候才让它出棚试飞，不过它很快就发现了原来是羽小雄，这样，进入赛鸽棚的"灰雄421"便开始了它的赛鸽生涯。它是那么的与众不同，随着一年又一年，它逐年爆发出惊人的飞行能力，从而成为了法国上个世纪70年代最伟大的赛鸽。灰雄从1970～1974年的4年之内，参加了46次中长距离比赛，其中有43次都获得了地区联赛前10名，11次夺得冠军，而在国家赛场，它先后夺得了：1972年836千米圣维仙法国冠军、1974年1015公里巴塞罗那法国冠军、1974年852千米拿邦法国冠军、1973年的拿邦法国全国赛亚军，当然这也要怪自己的主人格鲁森，因为冠军和它同时到达，不过主人先给那只打了钟，因此第二只打钟的灰雄421就成为亚军。不过别忘了，冠军可是它的儿子。这也

有趣的军事——动物在军事中的作用

是法国长距离历史上唯一的一次全国冠亚军出自于一个鸽舍而且还是一对父子。

就在1970～1974年间，格鲁森所在的法国北部省并入比利时参赛计算成绩，有一次长距离国家赛灰雄421拿下冠军，而在比利时的范内父子获得第二名。范内不服，于是就提请上诉比利时鸽协以"421"国籍在法国为由来要求比利时皇家信鸽协会重新进行裁判，就这样，"421"就变成了比利时"省冠军"头衔，而国家冠军的称号则被范内父子获得，"灰雄421"第四次全国冠军的头衔就这样被"规则"剥夺了。

1974年，6岁的灰雄"421"被冠以"法兰西超级种公"的美名，巨资转让给法国另一赛鸽好手罗伯特·维纳斯，一同被转让的还有格鲁森棚中所有"超级种公"的后代，这也是70年代法国赛鸽史上最有重量级的一次交易。

罗伯特利用"法兰西超级种公"投入育种，先后培育出了大量优秀的后代，而这些血脉第一批都全部输送给法国、英国以及比利时的长距离爱好者们。到了今天，相信这只法兰西伟大赛鸽的血脉已经在全球数十个国家开花结果了。直到2000年的统计，西欧中长距离差不多118羽全国冠军身上都流淌着它的血脉，国际冠军达到20羽，而它直接做出的2代中法国冠军就有8羽。仅是罗伯特维纳斯本舍一只孙代"王子"号就为他做出1994年波城法国冠军、国际冠军、1998年波城法国亚军、国际11名。"王子"号的一个妹妹"克劳迪娅"也先后做出多只长距离赛前名次鸽，而"超级种公305"也是"法兰西超级种公"的后代，做出5008羽塔比国际冠军以及国际6名、9名等优秀赛鸽。

现在再让我们去看一看这只法兰西过去40年历史中最伟大的灰雄，虽然它没有伟岸的身材，可是其拥有高贵的血统、健康的体魄、顽强的意志力、超凡的赛绩和惊人的强势遗传，这些优点将永载欧洲长距离赛鸽史册。

"法兰西超级种公"号第6代孙法国灰雄是中长距离赛场上的骁将，28次入赏距离高达12450千米，两次问鼎法国长距离鸽王冠军宝座。就算是已经过去差不多40年的时间，在这些后辈的精英身上还是可以或多或少的看到"68－421号法兰西超级种公"的影子，这不得不让我们对半个多世纪前的赛鸽大师西翁、布里考克斯、卡米勒等人心生敬意。

1989 年荷兰巴塞罗那冠军、国际殿军的"巴塞罗那王"是在英国罗拉 20 多年历史的万德维根品系中一羽最基础的王者种公，它的环号为 NL84－326948。这羽汇聚了裘里斯和安东万德维根父子全部精华的超级种精，以其无可争辩的成绩、稳定超强的遗传，就算是在 20 多年后的今天依旧是英国最伟大的万德维根种雄，在 21 世纪的英国跨海国际长程赛的优胜鸽身上，其强势基因还是年复一年地出现。

说起 1989 年巴塞罗那荷兰的冠军，赛鸽家威姆科伦可谓是实至名归。今天，可能这个名字就显得有些遥远，可是在 20 年前的他却是威震荷兰享誉西欧的长距离强豪。威姆科伦是使翔万德维根品系的好手，这首先得益于他和裘里斯及安东一家的渊源关系，其次就是他近 20 年来坚持不懈的投入和引进。威姆科伦在上个世纪 60 年代起就不断在长距离赛场崭露头角，曾先后夺得荷兰柏格拉吉克全国亚军、圣维仙全国 3 名和达克斯全国 10 名。在这些 900～1000 千米的长距离赛场，能够拿下 3 次全国前 10 名，而且其每次要面临都是近万鸽棚数万羽的挑战，由此就足以证明威姆科伦雄厚的实力。当然对于科伦来说最为辉煌的成绩莫过于 1989 年这只冠军"巴塞罗那王"。这羽浅紫桃砂眼深雨点雄鸽身材魁梧，前胸开阔，羽翼丰满，英姿飒爽，一派将军气度，称得上是鸽中精品。"巴塞罗那王"是罗拉主人路易斯玛莎雷拉生前最爱的长距离冠军之一。它曾一口气飞下 1146 公里的艰苦赛线，也算是第一个进入荷兰境内的超级鸽，勇夺 6612 羽荷兰全国的冠军，而且在国际赛场 25502 羽中，也仅仅以分速 9 米之差名列国际 4 名，而它比国际赛前 3 名都多飞出差不多 100 公里。这是"巴塞罗那王"连续第三年出赛巴塞罗那国际赛，1985 年作为一岁鸽，它获得全国 288 名；1986 年飞下全国 112 名；在其 3 岁的时候，勇夺全国冠军。不过这还不算，在这三年中它总共 7 次出赛全国千千米长程赛，没有一次失手，其累计翔距达到 9800 千米，这成就了它的一世英名。

"巴塞罗那王"汇聚威姆科伦 20 余年驯养万德维根品系的所有精华，它的父亲是 NL75－1587637"巴塞老雄"其本身系"兰美号"嫡孙，曾经 9 次出赛，为科伦夺得了 1979 年荷兰全国 21486 羽达克斯赛 18 名。而"巴塞罗那王"的母亲 NL81449799 浅斑雌，则是威姆科伦舍中最著名的"冠军 26"号的女儿。"冠军 26 号"系 1973 年万德维根巴塞冠军弟弟，本身为科伦飞出全国柏格拉吉克亚军及达克斯 10 名，进入种鸽舍前连续 5 年 14 次出赛，从未空手而归，直不愧为"将门虎子"。

而罗拉购入"巴塞罗那王"之后，就采用双线育种，一方面和"翡翠 1 号"老母交配，育出了 1995～2000 年 3 羽英国国际长城赛冠军的父辈、祖辈，在另一方面用威姆科伦本舍的"灰色 208"及"维根夫人" 2 只超级种母回交，三代线性育种，培育出英国 2005、2008 年的 4 羽跨海长距离赛冠军父母鸽。这样稳定多产的超强遗传基因，也难怪在 20 多年之后"巴塞罗那王"还是被公认为是英国历史上最为优秀的一只维根系源头种公。

◎翡翠姐弟

一提到英国的赛鸽，没有人不知道道位于英格兰莱切斯特的罗拉种鸽舍。英国罗拉种鸽舍成立于 1953 年，它是由亿万富翁、英格兰著名的冰激凌大王"玛莎雷拉"兄弟创办的。玛莎雷拉是意大利的移民后裔，他一生对于赛鸽非常热衷。在其早年的时候就收罗全英国 30 多羽冠军，组成了罗拉种鸽编队，在自己育种参赛的同时也拿出部分和鸽友分享。这个模式不仅让玛莎雷拉兄弟很快位列英国各个距离赛鸽强豪之中，而且他以非常优惠价格出售的大批优秀后代种鸽，为战后的英国赛鸽运动起到了进一步的普及作用，同时为英国赛鸽的发展作出了极大的贡献。

在 20 世纪 80 年代，罗拉种鸽舍就开始把收购的眼光转移到欧洲大陆，先后拿下 1984 年波城国际冠军、西弗托依的"波城大帝"等荷兰、比利时、法国多羽中长距离全国冠军及国际冠军。在这其中，最辉煌的一段收购历史就是罗拉收购 6 羽巴塞罗那冠军。这 6 羽冠军全部都是来自于荷兰，而且它们都是源自斯丁伯格地区的改良老杨阿腾品系。一时间，"洛阳纸贵"，欧美鸽坛都在为英国罗拉的大手笔感到震撼。这一系列历时将近 10 年的顶级收购，构成了后来的罗拉"国际冠军"系列，也成为当代英伦三岛优秀长距离赛鸽的种源发动机。

一转眼，时间就过去了将近 30 个年头，现在我们再回过头来欣赏罗拉名鸽之中最为耀眼的这 6 羽巴塞罗那冠军。20 世纪 80 年代中后期到 90 年代中，可以说是巴塞罗那赛历史

※翡翠姐弟

上最为辉煌的 10 年，不仅仅因为参赛数量节节攀升一度突破 3.3 万羽大关，更是因为无数战后顶级荷兰赛鸽家也来参加国际赛，而罗拉所引进收藏的就是这 10 年中世界的精华。今天，我们将要欣赏的就是世界鸽坛最富盛名的巴塞罗那双子星、罗拉梦幻家族"翡翠姐弟"。

列文父子在荷兰东北部地区专门饲养马金凡吉尔及古柏品系参加长距离赛，在 20 世纪 80 年代的时候，他们培养出了一双最伟大的姐弟，它们同父同母，两鸽先后夺得巴塞罗那国际冠军，开创了人类赛鸽的最大奇迹。它们就是闻名于世的凡列文"翡翠 1 号"和"翡翠 2 号"。

"翡翠 1 号"灰雌，环号 NL82－1200025，被公认为是 20 世纪 80 年代欧洲第一长距离种母。"翡翠 1 号"出生于 1982 年 3 月，在 1983 年刚满 1 岁的时候就参加荷兰经典的圣维仙国家赛并且获奖项，接着又飞出 13302 羽的达克斯荷兰 211 名的好成绩。1984 年在它 2 岁的时候，列文又将它送上 1206 千米的巴塞罗那国际赛，它不负众望获得荷兰国家赛亚军、雌鸽组冠军、国际排名 13033 羽 10 名，国际雌组冠军。"翡翠 1 号"在夺得冠军之后，曾经一度轰动了斯丁伯格地区，它是羽血统高贵的超级鸽，于是人们争相登门欣赏并且求购。每一只伟大的赛鸽背后必定都有一位伟大的赛鸽家，而列文就是其中之一。1985 年，灰雌 3 岁了，列文再次将它送上巴塞罗那国际赛场，已经夺得国际冠军的赛鸽

再出赛，恐怕世上无双。这一次，"翡翠1号"飞出南部联合会冠军、荷兰国家赛4505羽3名、国际17060羽16名，国际雌组亚军，相比于获得国际雌组冠军的那只比利时赛鸽，"翡翠1号"多飞了116千米，只以分速落后1.68米而屈居亚军。

集巴塞罗那国际冠亚军于一身的娟秀聪慧的旷世奇鸽"翡翠1号"夺得了无限的荣誉，虽然上个世纪60年代比利时鸽王"约密里"号先后也获得过两次全国冠军；不过"翡翠1号"面对的是20多年之后上万羽数国参赛的国际赛场，它的辉煌成就可谓是"前无古鸽，后无来者"。集功名于一身的"翡翠1号"成为荷兰长距离爱好者都向往的瑰宝，古柏兄弟、彼得艾顿、马斯父子、斯蒂文斯等先后引种导入了这羽旷世奇鸽的优秀基因，也是因为如此才成就了后来众多优秀长距离赛名鸽的基础。

让列文父子闻名荷兰的是"翡翠1号"，那么让他们享誉世界的就是"翡翠2号"。环号NL85－8559363雨花白条雄"翡翠2号"，在出生的时候，大姐"翡翠1号"就已经功成名就了。"翡翠2号"生得中型紧凑饱满，在很小的时候就表现出了其出与众不同的安静和智慧。1987年，2岁的小花雄参加荷兰圣维仙国家赛途中被鹞鹰所伤，虽然受了伤它还是坚持带伤归巢，本来打算让它继续出赛的列文因为爱鸽心切，就立即停掉比赛让它静养。在1988年巴塞罗那国际赛参赛总羽数突破2万，达到21176羽。这一年天高气爽，西南风造就巴赛历史上少见的高分速。"翡翠2号"继承了家族的光荣传统，从而一举拿下了荷兰全国5451羽冠军、国际赛21176羽总冠军，飞出了1374米每分的最高分速，而它所创下的这一分速足足保持了20年才被打破。1206千米的巴塞史上第一分速，当时就震惊了世界鸽坛。就在1988年，凡列文的翡翠家族成绩斐然，"翡翠2号"同窝妹妹"翡翠3号"NL85－8559364灰雌夺得国家赛57名、国际赛336名；"翡翠4号"雨点花白条雄，获得国家赛63名。智慧勇敢的旷世名鸽"翡翠2号"，它居然将巴塞罗那最高分速保持了20年！不过说起"翡翠2号"的引进过程也可以说是一波三折，来自于日本、台湾、德国以及荷兰本国的多名买家求购这羽当时世界鸽坛第一名鸽，而罗拉种鸽舍更是数次上门欣赏洽谈，最后以创纪录的 7.7 万英镑如愿以偿购得英雄归。罗拉知道"翡翠家族"群体遗传的巨大威力，此时再向列文求购"翡翠 1 号"的种母。由于这时"翡翠 1 号"早就已经在杨赫尔曼手中作为第一种母培育后代，于是罗拉再向赫尔曼求购，7 岁高龄的"翡翠 1 号"最终以 2.2 万英镑的高价而成交。至此，罗拉的手中就有了第一对巴塞罗那梦幻组合9.9 万英镑身价的"翡翠1－2 号"。这对巴塞罗那国际冠军双子星后代在英国夺得上百个冠军，日本、台湾等赛鸽强豪也先后多次引进英国罗拉翡翠系种鸽在各类大赛中摘金夺银。在 1989 年后的 20 年中，翡翠1－2 号的后代在英伦三岛先后囊括波城、达克斯、巴塞罗那、马赛、帕品拿在内的顶级隔夜赛全国冠军，它们的无数后辈在英格兰、苏格兰、威尔斯、北爱尔兰的跨海赛事中也都崭露头角，不过这都是后话。

提到"翡翠双子星"就不得不说一说它们的亲表兄——"珠峰勇士"号雨点雄，其环号为 NL83－0865526，这羽凡列文培育，范罗登父子使翔的英雄赛鸽，其父亲是"翡翠"姐弟的亲舅舅"超级 99"号，同样是源自古柏的老种，曾经 11 次在隔夜赛中获奖。"珠峰勇士"号参加那场堪称史上最艰苦的 1987 年巴塞罗那国际赛，在途中不幸遇到了恶劣的天气，"珠峰勇士"号夺得荷兰 5989 羽冠军、国际 21736 羽 10名。"珠峰勇士"后来也被英国罗拉收购，一年之后又被荷兰"英特帕洛玛"种鸽花重金回购而留在荷兰，直到今天它还是库福尔·迪威德联合鸽舍多只长距离冠军的老祖宗。

到了第三代的时候，"翡翠家族"起出的新星是荷兰大师古柏兄弟本棚做出的"巴塞罗那黑雌"号，NL94－1881320，系翡翠 1、2 号同胞妹妹 NL85－1744232 号的外孙女。1996 年"巴塞罗那黑雌"获得了荷兰国家赛 5258 羽亚军、国际 20129 羽 3 名，从而成就了古柏兄弟近70 年赛鸽历史上最为辉煌的巴塞罗那成绩。

由"翡翠姐弟"所开创的辉煌时代已经过去了 20 多年了，翡翠 1号、2 号也分别于 1995 年、2005 年的时候死去，可是它们所代表的品系却是人类培养的最优秀长距离速度赛鸽之杰出的精英。因为同一个家族多羽战将能够反复在 1200 千米巴塞罗那的艰苦赛线上披荆斩棘、摘金夺银是相当值得骄傲的。直到今天，翡翠血统在世界鸽坛的无数个角落还延续着"翡翠1－2号"所创造的奇迹和辉煌。"翡翠"已经成为长距离速度赛冠军鸽的代名词，在漫长的赛线之上，优秀的翡翠家族成员，从来都不会让自己的主人失望。

◎司朗根

在罗拉50余年收购世界名鸽历史上，有一只王者之鸽非常特殊。它就是1990年巴塞罗那荷兰6821羽冠军、国际28128羽第3名"司朗根"号雄鸽。

1990年，巴塞罗那可以说是90年代最艰苦的一场赛事，这一年西欧六国报名28128羽是再创新高。这次的巴塞罗那国际赛，面临着罕见的高温，清早开笼的温度就在32℃，到了中午的时候分赛线各国都突破了36℃，对选手鸽归巢造成最大的困难就是高温高湿天气。

荷兰赛鸽手皮埃尔司朗根父子同样是翔斯丁伯格地区王者品系——安东万德维根。它们的种源基本上都来自于老牌赛鸽家威姆科伦。而威姆科伦本人也亲自培育了1989年荷兰巴塞冠军"巴塞罗那王"号。司朗根鸽舍驯养的鸽子并不多，不过在长距离赛场经常是一鸣惊人，在80年代曾夺得全国圣维仙冠军，也算得上是称雄荷兰。不过在国际赛场，

※司郎根

司朗根父子一直都在不懈地努力。直到1990年巴塞罗那国际赛，他们选送5羽赛鸽出赛，而其中的一只中雨点雄鸽，长得非常威武气派，直接源自万德维根著名的"49"号同"好的一岁鸽妹妹"两羽70年代超级种精。在先前的500～1000千米长距离赛线上，3岁的雨点雄曾经连续两年8次出赛，结果全部入赏。

1990年，巴塞罗那司朗根这羽3岁浅雨点雄靠自身领先亚军49米每分的绝对优势，飞越1126千米的漫长赛线，成为了第1只进入荷兰

境内的优秀冠军鸽，以毋庸置疑的赛绩一举夺得荷兰全国冠军、国际3名。而与其同舍出赛的另外4羽选手鸽也都在见鸽当日归来。就在那一年，巴塞罗那国际赛就被称为死亡赛线，来自于6国的28128羽赛鸽，只有758羽在第二天内成功飞返，所以高温高湿造成鸽子归巢难度也算是几十年罕见的。

这只被罗拉后来重金导入的巴塞罗那冠军，取名为"司朗根"号，也是罗拉唯一只以其培育主人名字命名的冠军鸽。这其中的故事，就算是今天欧洲鸽坛除了那些老辈鸽友，恐怕早就没有人知道了。皮埃尔司朗根一家在荷兰南部经营肉铺。他和他的儿子是超级鸽迷，一家人对赛鸽都倾注相当多的心血。很显然皮埃尔出售这羽巴塞罗那冠军并没有征得儿子的同意，鸽子刚刚离开荷兰飞抵英国的第三天，噩耗就传来了：小司朗根得知冠军鸽被出售之后非常悲痛，与自己的父亲发生了激烈的冲突，在一时情绪失控之下用一颗子弹结束了老司朗根的性命，这也相当于是断送了自己的一生……

这个噩耗当时震惊了荷兰社会，同时也震惊了欧洲鸽坛。司朗根一家从不久前刚获得桂冠的欣喜狂欢马上就跌入到了家破人亡的悲痛之中，鸽坛众友无没有一个不为此而感到叹息的。而作为第4羽落户英国罗拉的巴塞罗那冠军鸽，"司朗根"号以逝去的主人来命名，这也体现出了玛莎雷拉家族内心复杂的情感。这样优秀的一羽王者之鸽，在罗拉棚中几乎也是郁郁寡欢，据有关说法其后代流传的相当少，几乎都没怎么育种，没几年就去世了。倒是它的同窝妹妹同"巴塞罗那王"相配，成为罗拉万德维根品系黄金配的主角。

巴塞冠军"司朗根"号雄鸽是国际鸽坛的最大悲剧的主角，它体现出来的是王者信鸽不屈不挠不死必归的冠军精神。从"司朗根"号的故事中也可以看得出来爱鸽人士对心爱信鸽的眷念，以及赛鸽运动商业化过程中无法回避的情感交织和矛盾。这段故事以悲剧告终，司朗根父子高超的育种技巧和驯养水平以及冠军鸽"司朗根"号的完美赛绩和勃勃英姿，却将永远地留在全球长程速度赛鸽爱好者的心中。不过每当想起这个故事，每个爱鸽人的内心必定久久不能平静。

◎优等生

现在回到罗拉的故事之中来，6羽冠军之中有一个身份最特殊，它的家族血统史非常耀眼，现在在欧洲鸽坛还会被人们念到。在遥远的英伦三岛，它就是冠军的代名词。这只王者之鸽就是1991年巴塞罗那荷兰全国8163羽总冠军、国际27352羽亚军，成功飞越1219千米最艰难赛线的巴塞之王"优等生"号。

"优等生"号深雨点雄出生于1986年，它由荷兰赛鸽手乔克林培育并且指引它飞翔。"优等生"号的体型适中、无比紧凑饱满、后脑宽大、翅羽修长，单从体型上来讲就是一只无与伦比的好鸽。在获得巴塞罗那冠军之前，乔克林一直用它参加荷兰

※优等生

国家级传统大赛，光是1102千米的圣维仙它就飞过4次，每次与4～6万羽赛鸽同场竞技，从来没失过手。

它是名门之后——杨阿腾种精"银色狐狸精"5代孙、1991年巴塞罗那荷兰冠军"优等生"号。在1991年，"优等生"号已经5岁整，而这一年的巴塞罗那又创新高，包括捷克和波兰军团的8国报名参赛，国际赛总报名数达到27352羽。赛鸽在7月5日早上8：20分从西班牙加泰罗尼亚首府开笼，当时的气温高达30℃，再加上吹东风，预示着比利时军团会有好的成绩。这一年的国际冠军被比利时获得，其空距是1032千米。这只比利时冠军降落的时候，荷兰全境还没有一只鸽子抵达，"优等生"号应该是和冠军鸽擦肩而过，等待着它的还有187千米的漫漫回家路。在总成绩揭晓的时候，飞越了1219千米的"优等生"号仅以分速3米之差而屈居于亚军。

乔克林是一个相当老实的荷兰人，它养的鸽子数量不过60来只，

不过全部都是来自于斯丁伯格地区的老种，这年巴塞罗那他仅仅送这羽雄鸽参赛就夺得桂冠，其中最重要的是"优等生"显赫的血统和家族史，更是让人赞叹。

"巴塞老雄"——"小诺特"之子，杨阿腾"38号"曾孙，巴塞罗那冠军之父。"优等生"号的父亲"巴塞老雄"是一羽雨点小公。此雄鸽直接来自杨阿腾的弟弟诺特阿腾。"巴塞老雄"是1979年的时候范德斯里克巴塞罗那荷兰冠军的同父异母的弟弟。它们的祖父，也就是"优等生"号的曾祖父是世界上很有名的杨阿腾系种精"小诺特"号，也就是闻名全球"38号"的儿子。"38"号是杨阿腾本人使翔，它先后获得圣维仙全国6名、达克斯全国24名；而另一只大名鸽"38号"的弟弟"49"号公，曾经夺得圣维仙全国7名。"38"号和"49"号的这一双儿女，其母亲就是大名鼎鼎的杨阿腾"银色狐狸精"——老银狐雌鸽。这羽老银狐开创了二战之后荷兰乃至今天欧洲和世界长距离赛鸽的新篇章，"银色狐狸精"本身就夺得荷兰达克斯全国亚军、3名、27名，圣维仙全国47名、51名。在那个年代，巴塞罗那还没有成为荷兰赛事，圣维仙和达克斯就足以代表人类长距离赛鸽的最高水准。而老银狐血统在西欧的时候几乎成为国际赛冠军代名词，这半个多世纪以来，光是巴塞罗那冠军就超过了30羽以上。将门虎女——"马金雌"，利顿博格老雄近血，荷兰大师马金凡吉尔遗作之杰出代表。回关再来看看"优等生"号的母亲——"马金雌"，同样身出名门。环号为NL82－8266066的深雨点白条母，双翅的第一根大条都是白羽，玉嘴玉爪，生得相当美丽。"马金雌"可以说是荷兰著名赛鸽大师马金凡吉尔的遗作，它的父亲是凡吉尔老巴塞雄，本身夺得巴塞罗那16名；而"马金雌"的母亲，NL74－2383461也是凡吉尔上世纪70年代最优秀的种母，直接源自利顿博格老雄，这只74年的种母做出了凡吉尔大名鸽"最爱"号，其中9次隔夜长距离入赏，曾经获得19344羽圣维仙全国冠军。"马金雌"也是凡吉尔去世之前所培育出的最后一批种精中的杰出代表，1982年，凡吉尔的身体每况愈下，它做出了一轮18羽幼鸽，而这其中很多都成为80～90年代国际鸽坛长距离速度赛精英的父母。而这只"马金雌"也是凡吉尔棚中闻名荷兰的"利顿博格老雄"号极度近血，而"利顿博格老雄"育出包括大名鸽"多利"号在内的多羽冠军鸽。所以也可以说"马金雌"也是浓缩了凡吉尔40余年赛鸽之全部精华。而从1988年的"翡翠2号"父亲，到1991年"优等生"号母亲，这2只巴塞罗那冠军的源头都直接来自马金凡吉尔这位仅有的荷兰赛鸽巨人，不过这也并非只是偶然。

"优等生"可以说是名副其实的"将门虎子""名门之后"，显然它显赫的家族史，每代都有荷兰长距离全国冠军的成绩，从"老银狐"算起，"优等生"是到了第5代，是何等育种技巧才育得如此精良的种鸽。

被导入罗拉种鸽舍的"优等生"号先后同大名鸽"翡翠1号"种母、"飞吉利"女儿"荷兰公主"号以及"无敌战神"女儿等一流的种鸽进行交配，孕育出的子代直到今天已经遍布英伦三岛。根据不完全的统计，"优等生"号这些3代、4代以至5代，从1996年起的15年来至少有8羽夺得全英国穿越英吉利海峡隔夜长距离赛桂冠，而在NFC的"西班牙证书"荣誉殿堂中，"优等生"的后代也占据着相当显赫的位置，这也印证了养鸽者的那句老话"将门虎子一滴血"。

英国大名鸽"永不失望"，英国长程赛桂冠赛鸽"优等生"号的第4代子孙，它7次飞越英吉利海峡1000千米隔夜赛全部高位获奖；由此可以看出冠军的血脉在每个赛季都在延续，一直生生不息……

◎无敌战胜

英国莱切斯特的罗拉种鸽舍在上个世纪90年代收藏的最后一只巴塞罗那冠军，就是举世闻名的"无敌战神"号种公。

1992年，这个时候的罗拉棚中已经有了集1984年国际雌组冠军、1985年国际雌组亚军于一身的"翡翠1号"灰母、1987年巴塞罗那荷兰冠军"珠峰勇士号"、1988年巴塞罗那荷兰冠军、国际冠军"翡翠2号"（要知道这3只神鸟，翡翠1、2号是同胞姐弟，它们同珠峰勇士号又是表兄妹关系。这样的神话配对与遗传，恐怕以后都不会有了）、1989年巴塞罗那荷兰冠军"巴塞罗那王"号、1990年巴塞罗那冠军"司朗根号"、1991年巴塞罗那冠军"优等生号"，此6羽大名鸽早就已经奠定英国罗拉种鸽舍在世界鸽坛的旗手地位。不过，在玛莎雷拉兄弟的心中，还有个空白需要去填补，还有一个王者宝座虚位以待。

在 1992 年，巴塞罗那国际赛堪称历史的经典。在这一年荷兰集鸽7242 羽，国际赛报名 27068 羽。赛鸽在 7 月 3 日上午的时候开笼，当天天气风和日丽，整个赛线非常理想，不过到下午的时候强劲的西南风就意味着高分速会产生。1992 年在巴塞罗那国际赛鸽史上有着突出的位置，大家都知道巴塞罗那是国际长程隔夜赛的代表。"隔夜赛"的目的就是上午 8～9 点开笼，平均 1060 千米的距离保证如果赛鸽不能完成当天归巢的话，那么就必须发挥自己的智慧在外露宿一宿，考验其耐力、意志力、聪慧程度、长时间续航能力。1992 年 7 月 3 日星期五的晚上，比利时人欧易波谢特在晚上 8：50 分的时候煮了杯咖啡，坐在阳台外，非常惬意地感受着夏日夜晚的星空与凉风，就在这时候，突然有一只黑影像箭一样掠过他的面前，猛砸到鸽棚入口处，"巴塞罗那、巴塞罗那！"波谢特跟跄着冲出卧室立马扑向鸽棚，等他颤抖着吹着口哨呼唤这羽"巴塞罗那当日归"进棚的时候，又有一只鸽子降落在他头顶之后。平日里这个五大三粗经营着肉铺的波谢特当时几乎晕厥过去。1011千米的巴塞罗那国际赛，他有 8 只出赛就赢来了 2 只当日归！后面发生的事情已经不重要了，没有人在乎他是怎样抓住归巢鸽完成打钟、打电话报到这一系列动作的。波谢特的 2 羽归巢时间定格在 1992 年 7 月 3日 21：19 分、21：27 分。这是 60 余年巴塞罗那历史上第一次当日归。

波谢特的当日归消息，大约在 5 分钟以内就传到了法国，然后 8 分钟内传到了德国，10 分钟内传到荷兰……荷兰是长距离速度赛最受推崇的圣地，那里的空距即便是最近的也要比波谢特也多出 100 千米，此时已经是晚上 10 点，荷兰的 7242 羽赛鸽，今天还会有英雄吗？

1992 年 7 月 3 日的那个夜晚对于西欧参加巴塞罗那国际赛的 5600多位鸽友而言都是一个不眠之夜。果然，到了午夜 1 点，荷兰南部斯丁伯格地区的长距离强豪布拉斯收获一羽 2 岁雨点小雌。这羽万德维根品系大名鸽"兰美"号同"巴塞罗那冠军"的曾孙女，也成为了荷兰历史上第一只巴塞罗那国际赛当日归！空距是 1112 千米，时间是在 7 月 4日凌晨 1 点 02 分，其分速达到了 1255 米！不知道在那个手机尚未普及的时代，兴奋、期待、欣喜若狂的比、荷两个国家的鸽友是用什么样的心情度过那个漫长而短暂的夜晚。

故事远远没有结束，我们今天的"主人公"此时还在漫漫征途上艰难跋涉。荷兰东北部使翔万德维根、斯丁伯格老种的建筑商——朱伯比曼斯先生在得知了比利时、荷兰相继见到鸽的消息之后，就一直开着灯静候在鸽舍外面。午夜里习习凉风再加上漫天的星空与皓洁的月光，更是让他坚信他最钟爱的"569"号必定会归来的。时钟在滴答滴答的声音中流逝，走向凌晨 1：52 分的时候，比曼斯突然看到月光下一双白条翅膀艰难地划一个半圆跟跄着收翅、降落。是它，就是它！这个集千宠万爱于一身，汇聚荷兰战后 40 余年长程速度赛鸽精华的 NL88－8840569 号雨点白条雄。它一口气飞越了 1156 千米的最艰险赛线，成为荷兰乃至国际鸽坛最远一只巴塞罗那当日归。这只以 1290 米每分的奇迹分速问鼎国际赛冠军的旷世奇鸽就是"无敌战神"号。

"无敌战神"号雨点白条雄，出生于名门大家。其父亲"白条朱伯"NL86－8626917 本身就 7 次圣维仙、巴塞罗那获奖，其祖父是世界名鸽被尊为 20 世纪 80 年代荷兰第一长距离雄鸽的"朱伯"号。"朱伯"号本身 16 次隔夜长距离赛优胜，仅列举其 6 次卓越成绩：圣维仙全国 3 名、达克斯全国 6 名、柏格拉吉克全国 14 名、达克斯全国 14 名、柏格拉吉克全国 40 名、柏格拉吉克全国 44 名……它每次都是从 1.6 万羽之中脱颖而出夺得殊荣。"朱伯"号老雄，日本大收藏家木岛宽在 9 岁高龄的时候被 10 万美金"请"到日本。据说也是个长达数年向比曼斯求购的结果。正是这只"朱伯"号，东渡日本后和古柏兄弟的一代奇鸽"帕崔克丝"（达克斯全国亚军、圣维仙全国冠军）配对，被欧洲鸽坛称为全球第一梦幻组合，当然这些都只是后话。

"无敌战胜"号的母亲，NL87－8755301 雨点雌，它是比曼斯本舍荷兰长距离鸽王"雷根王子"的妹妹，也是安东万德维根"淡色 41"老雄的孙女。这只母鸽在不到 1 岁的时候就 4 次在 500～700 千米赛线上获奖，飞下圣维仙全国 80 名后直接进入种鸽舍。孕育出"无敌战神"的时候才刚满 1 周岁而已。

"无敌战胜"雄生于 1988 年秋天，在 1989 年 700 千米赛线内 5 次参赛，取得了不少经验，在 1990 年的时候参加 3 次远程赛，其中包括巴塞罗那国际赛，在第三天的时候归巢；在 1991 年的时候，比曼斯对这只小雄鸽非常重视。果然，它在 8163 羽国家赛上夺得 23 名的好成绩，还在国际排名中拿下 27352 羽的 42 名，它也是比曼斯 1991

"Invincible Spirit"

※雷根王子

年 10 羽巴塞罗那中第一个归巢的。1992 年，"无敌战神"毫无疑问是比曼斯棚中的第一战将，是巴塞罗那第一指定鸽。1156 千米当日归，1290 米的分速，是无可争议的国际冠军！这样多的伟大业绩，充分证明了它是旷世之奇鸽，是闻名世界的"无敌战神"。获得 1992 年巴塞罗那国际冠军后，"无敌战神"就成为了国际鸽坛追逐的对象。英国罗拉种鸽舍通过御用经纪人赫尔曼的周旋，经过 3 个月终于以 35 万荷兰盾，折合当年牌价的 16.5 万美元现金求购成功。当赫尔曼乘坐包机将"无敌战神"空运送到伦敦的时候，英国天空台、英国 BBC 等主要传媒立刻蜂拥而至，还专门在罗拉举行了实况转播的新闻发布会。其场面之壮观，虽然已经过去快 20 年了，但是仍然时常被英国的鸽友提及。

罗拉购得"无敌战神"号之后，其巴塞罗那冠军阵营已经多达 7 只荷兰大名鸽。由此形成罗拉乃至英国长距离新的种源基地和发动机中心。"无敌战神"号导入罗拉之后，先后同"翡翠"兄妹的女儿、"优等生"的女儿、"巴塞罗那王"同"翡翠 1 号"的女儿、"优等生"的母亲以及比曼斯"朱伯"号唯一的女儿"近亲朱伯"等组成了黄金配对，由此产生了一大批优秀的种鸽。到今天，这些种鸽已经遍布英伦三岛以及西欧诸国，成为当今欧洲长距离速度赛场优胜品系的代名词。而"无敌战神"孙代和曾孙代到 2008 年的时候就已经有 17 羽先后夺得英国长距离赛桂冠。

朱伯比曼斯于 2002 年去世，"无敌战神"就成为其 50 余年赛鸽史上最辉煌的顶点。"无敌战神"也于 2005 年逝去，它算是罗拉众多巴塞罗那冠军中最后一个离开这个世界的。而这一系 1000～1200 千米长程速度赛之精英，其王者血脉已经得以延续，而且年复一年地在国际鸽坛谱写出新的篇章。

纵观 70 余年巴塞罗那赛鸽史，20 世纪 80 年代和 90 年代是最为绚丽多彩的时代和英雄赛鸽辈出的年月。在 20 年后的今天，一羽羽优秀赛鸽的英姿仍在脑海之中，令人久久不能忘怀。

◎银色狐狸精

在欧洲，以巴塞罗那为核心的长距离赛鸽有完整翔实记载的起点基本上都是在二战之后。毕竟在二次世界大战的炮火下，有太多的鸽友失去了记录，失去了爱鸽，也失去了家园，失去了自由，失去了亲人，有的甚至失去了生命。

和平降临的那天也就是赛鸽运动新生的开始。1947 年诞生了一只伟大的小母鸽，它就是斯丁伯格面包师梅斯特斯的浅斑小雌鸽。它的血统这么多年以来众说纷纭，其中有一点是毋庸置疑的，它来自于德国占领时候创建的军鸽队，斯丁伯格的所有老一辈鸽人都相信在它的血管中流淌着乌曼斯父子家族几十年里培养的顶级赛鸽的精华。而所有占领区的养鸽者都知道乌曼斯父子的满棚精华被德军收缴后建立第一军鸽场，在解放的前夕全部数百羽信鸽被德国人运走他乡，自此之后销声匿迹，成为二战给荷兰长距离赛鸽最大的创伤。

可以想象得出梅斯特斯这羽 1947 年出生的小母鸽必定是聪明过人的，因此才有了"狐狸精"的称谓。这只翅膀泛着银光的母鸽，先后夺得 1949 年圣维仙全国 3 名；1950 年达克斯全国亚军、圣维仙全国 55 名；1951 年达克斯全国 27 名、圣维仙全国 47 名。

"银色狐狸精"和"86"号种雄组成面包师梅斯特斯棚中第一配对，而它们的子代成为当年面包师家中最为抢手的"商品"。后来杨阿腾的儿子安东阿腾不惜花下重金将这对黄金配对引进回家，至此"银色狐狸精"就开辟了属于它的新纪元。二战后，杨阿腾餐厅楼上的鸽棚成为荷兰最大的商业种鸽繁殖场，从种蛋交易到幼仔到成年种鸽到老种鸽出售，杨阿腾成为那个时代水平最高也是最伟大的"鸽贩子"，"银狐"到了阿腾的手中就意味着"播种机"开始工作了。

很幸运的是"银色狐狸精"的繁殖力相当强，直到16岁。它的后代成就了阿格马尔的"500号"、杨迪威德的"131"、万德维根父子的"老多福杰"、凡吉尔的"老59"、斯托弗论的"老白条"、利腾伯格的"10号"、范登伯格的"小诺特"以及后面的威姆穆勒、拉扎诺姆、柯尼普斯等人。最值得一提的就是杰夫凡王路易著名的"老司宾"种母是"银色狐狸精"的4代孙女、而"司宾"线又成就了后来的古柏兄弟、彼得艾顿、杨希伦、雅克斯德克等人。直到今天，荷兰长距离鸽坛的柯穆伦、萨亚父子、考夫曼父子、万德威尔顿父子、杨波德、沃格尔、布雷格曼等人手中的名鸽之中都无一例外地流淌着1947年这只银色小母的血脉。

我们要记住这只优秀的雌鸽，它称得上是二战后欧洲长距离赛鸽品系第一个涌现出来的"种精"，它本身就具备辉煌的赛绩，而且自身的育种能力也超群，把优秀长程赛鸽的所有优秀特质通过遗传发挥得淋漓尽致。虽然60年已经过去了，不过每一个赛季仍能寻觅到它的影子，它就是那只伟大的"银色狐狸精"。

> **知 识 窗**
>
> 全世界的大名鸽，在百年历史上根据国别、品系、飞翔距离，可谓说是举不胜举。英法两国作为西欧赛鸽强国与比、荷、德相比，商业气息显然要清淡很多。因此，英法之外要了解英国和法国当代赛鸽名家的人肯定比较少，而谈到法国赛鸽，除了"西翁"一词，估计还说得出尊姓大名的，在远东世界，是相当稀有的。

拓展思考

1. 1974年6岁的灰雄"421"被冠以什么美名？

2. 你能介绍介绍翡翠姐弟么？

3. "无敌战胜"雄生于哪一年？

有趣的军事—动物在军事中的作用

动

第二章 物在军事中的作用——军犬

DONGWUZAIJUNSHIZHONGDEZUOYONG—JUNQUAN

犬是人类最早驯化的家畜。早在四千多年前，人类还是以狩猎为生的时候就已开始用犬来进行围猎、看守牲畜。古代的巴比伦、埃及、罗马等国家，也都曾训养犬用于警卫和进攻。后来，人们就把专门训练用于作战的犬称为军犬。人类将犬用于战争的历史，几乎和战争本身的历史是一样久远的，所以军犬至少有2400多年军龄哦！

军犬的历史

Jun Quan De Li Shi

※酷劲十足的军犬

在军队中服役的犬统称为军犬。这种军犬是一种具有高度神经活动功能的动物，不仅它对气味的辨别能力要比人高出几万倍，而且它的听力也是人的16倍，其视野广阔，有特殊的弱光能力，善于在夜间观察事物。经过一定的训练之后，军犬可以担负看守、追踪、警戒、巡逻、搜捕、鉴别、通讯、搜查毒品、侦破、携弹、爆炸物等多项任务。

◎军犬的发展史

在奴隶社会的战争中，军犬通常都是大批量地被充当直接进攻的武器。有些军队还特意为犬配置了防箭甲以减少军犬的伤亡。在战斗中，军犬一般都被排在军队队形的最前列，奴隶则在第二列，第三列才是士兵。在平时没有战争的时候，军犬还可以用于守卫兵营、堡垒，或者及时发现敌情、向哨兵报警等。

据传，曾经的迦太基军队中，养有一个军团的猛犬，这些军犬最善于进攻敌人的骑兵，专咬战马的鼻孔。为了抵御箭簇和刀剑以及防止军犬被对方的军犬咬伤，他们还特意给军犬披挂镫甲，并戴上镶装有刺钉的脖圈。由于猛犬在作战和押送奴隶与俘虏中立下了汗马功劳，所以迦太基国王还特别下令为御敌救城有功的猛犬建立了一座纪念碑。

在中国，犬运用于军事的历史也十分悠久，古代军事家们把军犬列为"必征之兵"。相传在中国古代的军队中，大约是距今 2400 多年前的春秋战

※古时候的军犬

国时期，在城防战斗中就已经开始使用军犬了。而战国时期的墨子，也在他的著作中特别论述了犬在防御中的作用。比如敌人挖地道，他就命令士兵挖土井，并派犬在井口执勤，听到地下有动静的时候便立刻报警；如果有地道，那么就让犬"来往其中"，进行巡逻搜敌。军犬不仅可以用于地道巡逻，也在城墙上担任警戒的任务。北宋司马光所撰《资治通鉴》中就有记载："凡行军下营，四面设犬铺，以犬守之。敌来则犬吠，使营中有报警备。"自宋、明之后，犬更是成了战争中不可缺少的战具。

到了近现代，枪炮等杀伤力较强的火力武器不断出现，于是军犬也就无法在军事中再作为直接进攻的武器了。但在辅助武器方面，军犬的作用又得到了不断的发展。人们创造性地把军犬应用到了前沿侦察、营地警卫、救护伤员、战地通信、防区巡逻、战场搜索以及爆破等军事活动中。于是，军犬特有的灵敏嗅觉、听觉以及独特的夜视力、在任何地形上敏捷的活动力和其不易受伤、对困苦条件的忍耐性等也就有了更加广泛地发挥。

欧洲国家的很多军队统帅，还有自己亲自驯养军犬的喜好。比如拿破仑就曾将他在宫内驯养的一条军犬配给步兵侦察前哨；彼得大帝则让自己的爱犬在战斗中同各部队的主帅之间保持联系，传递命令和情报。

军犬大规模地被运用于现代战争中，大约是在第一次世界大战的时候。当时，德、法、意、英等一些国家，都编有军犬勤务部队，当时约有 5～8 万只军犬被用于传递情报和搜救伤员，而其中约有 7000 只都战死在了战场之上。

※第一次世界大战

随着战事的不断发展，英、法等国的军队对军犬的需求量也迅速激增。法国的陆军部门为此没收了大量的居民用犬充军，在巴黎的一次军犬征集中，仅用 8 小时就强行征纳了民间的 1000 多条犬。一些养犬的爱好者和驯养犬的职业专家也都被征集来训练这些犬。有一次，英国军队也从伦敦征集到了 800 条犬，而这些犬全部来自民间。

在整个大战期间，法国训练了大约 1000 条军犬，专门用于通信联络工作。而且战时军犬的应用，也会因其配属的部队性质而异。如配属机枪分队的军犬，主要用来驮运机枪弹药；而配属红十字分队的军犬则用于寻觅伤员；配属步兵分队的军犬主要是用来传递情报、警戒阵地的；而指挥部的军犬则主要是来往于各阵地之间进行传递命令的工作。大批的军犬辅助进行作战，给部队带来了极大的方便。而军犬在战争中的卓著战绩，也让它们开始为世人所瞩目。

由于第一次世界大战中，军犬在发挥了十分巨大作用，所以在1919 年签订的凡尔赛和约中就曾明文规定，战败的德国要交给英、法和其他战胜国几万条的军犬，以作为战争赔偿物资的一部分。

有了第一次世界大战的经验，第二次世界大战的时候，军犬继续被广泛地应用到许多军事方面，在沟通部队联络、捕获和押运战俘、寻觅和救助伤员、侦察敌情（德军情报机关曾训练许多军用犬携带微型窃听装置、微型照相机等器材潜入对方阵地获取情报）等活动中，都能充分体现出军犬的作用。一些国家军队的指挥官还认为军犬是飞机、无线电、雷达、坦克等现代武器的必要补充。在整个二战中，同盟国和轴心国共投入了约 25 万只军犬，让它们直接为战争服务，根据功能这些军犬主要被分为通信联络犬、侦察犬、反坦克犬、爆破犬、探雷

※第二次世界大战美军的军犬

犬、弹药运输犬、警卫犬和急救犬。这些特殊的勇士在战争中不仅除掉了 703 座城镇的地雷，还救出了 69 万人次的负伤官兵。

对于军犬来说，有些日子真的值得纪念。在第一次世界大战中，一只名叫普鲁斯特的法国狗带着它的训练员找到了 100 多名伤者。一战后的非洲，一只名为吉布斯的混血美国狗发现了躲在碉堡里的 3 名意大利士兵，并吓得他们投了降。吉布斯因此成为国防部官方张榜表扬的小狗，并荣获了紫心勋章和银星勋章。在自己的训练员受到威胁时，它们会表现得异常勇猛。当塔利班狙击手重伤海军陆战队一等兵克尔顿·拉斯科的时候，他的爆炸物搜索犬伊莱奔过来保护并安慰自己训练员。在这名年轻的战士去世以后，官方批准伊莱提前退休，以便于它可以回到美国陪伴拉斯特的家人。

正常情况下，大多数的战士们都更偏爱敏捷、个头大、力量足的军犬。然而，大型的狗并不是所有战争的首选。在一战中，就有一种喜欢追兔子的小型梗类犬负责在战壕中巡逻，以防止战士和补给品被害虫侵扰。基督教的青年还利用小型的梗类犬给战士们分发香烟，因此这种小狗也被称为"香烟犬"。可爱的"香烟犬"会特别优待那些即将上战场面对敌人机枪战火的那些战士。

在二战期间，美军还曾将 2 万只军犬编成了一支代号为"K9"的特种部队投入战场，这些军犬在战争中主要用于侦察、警卫、引路、传令、地雷探测以及拉雪橇运送军用物资等，它们在太平洋战场和欧洲战

场都发挥了极其重要作用。

在二战前夕，苏联的部队也开办了许多军犬学校，并培育和训练了大批的军用犬。卫国战争中，苏联各界人民主动捐献给红军的军犬就高达6万多条。而这些军用犬大多都是来自苏联陆海空军后援会的勤务犬俱乐部。

1941年8月，苏军还建立了4个反坦克的军犬连，每个连都编有126条经过专门训练的爆破犬。这些军犬在前沿常常被配置在敌方坦克威胁最大的地面上。在斯大林格勒大血战中，这些军犬所组成的"敢死队"也都立下了不可磨灭的功勋。

在第二次世界大战开始的时候，有两个犬种几乎成了军犬的代名词。首先就是德国牧羊犬，这是一种于18世纪后期由德国城市卡尔斯鲁厄的陆军上尉马克思·冯·施泰范尼茨和其他人共同开发的一个品种。牧羊犬的祖先是牧场和农场的家养狗，但是经过选择性繁殖，它们的可训练性和忠诚度使它们成为了最好的军用犬。另外一种典型的军犬则是杜宾犬，是大约1900年的时候从德国发展而来的一种兼具速度和耐久性的犬类。更为重要的是，它们非常聪明，比别的犬种更能够牢记训练内容。

军犬不仅在战争中体现处了自身的作用。即便是在二次大战之后，世界上的多数国家也仍保持着大量的军犬，并将它们用于边防保卫及各种特殊的勤务上。比如：法国海岸警备队训练潜水犬以对付水鬼对水下军用设施的破坏；瑞士的军犬则用于参加雪崩救护工作；美军的军犬需要参加跳伞训练，以配合宪兵部队快速作战，从而起到提高执勤的机动能力的作用；苏联的军犬参加寻找矿源的勘探工作。其他还有一些如搜爆、搜毒等项的勤务，也是欧洲的各国军犬必须胜任的工作。

虽然科技的不断进步改变了战争中的武器装备和战争的样式，但即便是在现代战争中，军犬仍占有一席之地。埃及与以色列的战争过后，联合国出于人道主义，曾动用现代化的电子设备对埋在西奈沙漠里的士兵尸体进行搜寻，但耗时8周却只找到了8具。为了提高搜寻效率，调用了英国的6只军犬，结果，在10周的时间内，这些军犬竟找到了400

有趣的军事——动物在军事中的作用

多具尸体。在 1990 年爆发的海湾战争中，美军曾利用军犬进行搜雷和拉尸，在战场上发挥了极其重要的作用。英国军犬部队还曾到肯尼亚执行任务，帮助当地的警察搜捕象牙的偷盗者。

从 1949 年开始，中国人民解放军就在北京创建了军犬繁殖培训机构。50 年代的时候，这里的军犬被分为两个军犬队，分别迁往黑龙江和昆明。到了 60 年代初，各大军区也相继建立了军犬队，并先后繁殖培训了大量的军犬，最终在国防建设中发挥了重要的作用。

80 年代中期，军犬又重新被重视起来，中国军犬事业也开始振兴。目前，中国的各大军区、海、空军以及总后勤部、总装备部、武警等军区都建有专门的军犬训练基地，全军每年可繁殖培训出 2000多条军犬送往部队。军用仓库、特警部

※马士提夫犬

队、边防连队、保卫部门也大都使用了军犬，全军重点仓库基本上实现了以犬助哨。如今，在军队服役的军犬约有近万条，堪称是一种有着特殊作用的军事力量。

由原北京军区军犬训练队扩编而成的解放军军犬繁育训练基地，如今已经为中国军犬"西点军校"。该基地占地 300 余亩，拥有绿地 2 万多平方米、植树 3000 多株，硬化路面 8500 平方米。这里是全军最大的军犬学校，担负了全军军犬专业人员的培训和优良种犬的繁育等使命。目前基地共有 800 多条名犬，那里除了有德国的牧羊犬、罗特怀特犬之外，还有俄罗斯的高加索犬、英国的拉布拉多犬，瑞士的圣伯纳犬，比利时的牧羊犬，以及中国昆明犬等名贵的犬种。

世界军犬主要种类：

德国牧羊犬：这是最广为人知的一种警犬、军犬。俗称：德国黑背。公犬肩高61～66厘米，母犬肩高为56～61厘米。该犬的体型稍大，外形优美，线条流畅。其毛型为短毛，中短毛。头的品种特别突出，直立耳。是目前中国军队与公安部门使用的绝对主体犬种，多数从德国引进。

比利时牧羊犬：虽然此种犬名为牧羊犬，但是却有着多种才能，由于它非常聪明和易于训练，可以使用于多种勤务，在搜捕越境者方面也受到赞赏。公犬肩高61～66厘米，母犬肩高56～61厘米。外国军警界一直对它情有独钟，使用数量有上升趋势，中国引进数量很小。

多伯曼犬：也称杜宾犬，呈方形中等体型，公犬肩高66～71厘米，最佳为70厘米，母犬61～66厘米，最佳为64.8厘米。结构紧凑、肌肉发达有力，有耐力和速度，勇敢忠诚，精力充沛，背毛为黑色短毛，腹下与四肢为黄色、断尾、剪耳。中国军警单位有少量引进并繁育。

罗威那犬：俗称"大头犬"，中等体型，断尾公犬肩高61～68厘米，母犬56～63厘米。头部宽大，垂耳，肌肉发达，四肢强壮有力，被毛短型，背部为黑色，膝关节以下为黄色，中国军警单位近年来已多次引进繁育，美军海岸警备队也装备了这种军犬。

拉布拉多猎犬：体型中等。短毛垂耳，高度兴奋，有较强的猎取反射。颜色分为三种：黑，黄，巧克力。公犬肩高57～62厘米，母犬肩高54～60厘米。拉不拉多虽然又小又矮，让人很难相信它可以进入军犬的行列。但是，别小看它。它的嗅觉在执行搜毒、追踪和鉴别任务等，是其他犬种无法相比的。

高加索犬：高加索犬是原产于车臣等苏联中亚少数民族地区的古老大型护畜犬，冷战结束前未被西方犬界所晓。高加索犬性情勇猛而忠顺于主人；抗病力强；被毛厚密形成天然蓑衣和冷热隔绝层，适应各种气候条件；毛色多样而以虎斑狼灰为主流，间有白斑，但黑色个体极少见。目前在国外的很多国家，用此种犬作为警戒犬。

中国昆明犬：这种犬是中国唯一拥有知识产权的军犬品种，原产地云南。优点是：体型适中，外形匀称（比德国牧羊犬略呈方形，近似于比利时牧羊犬），被毛短，皮肤薄，属紧凑型体质公犬肩高60～67厘米，母犬肩高52～62厘米。神经类型兴奋灵活，猎取反射强，防御反射主动，适应环境快。四肢奔跑有力，依恋性强，有耐力，容易驯服。昆明犬是还没有得到世界公认的犬种认可，但是已经名扬世界军警界了，输出东南亚多个国家。

其他

另外，像泰国的良种犬，英国的金毛猎犬，丹麦的大丹犬等等，这些世界上不同的优质名犬犬种，有着不同的特长。经过专业人士的培养，可繁育出各种用途不同的出类拔萃的专业军犬。世界上目前的军犬品种主要就集中在十几个品种，另外有的品种目前都不再大量使用了。

在漫长的战争史中，各个国家几乎都发展出了属于自己国家的优良军犬品种。其中最著名的有：德国牧羊犬、马士提夫犬、罗威那犬、圣伯拿犬……从这些最受欢迎的军犬中，我们可以看出"从军"的犬所必须具有的素质，那就是不一定敏捷，但一定要强壮；不一定聪明，但一定要忠诚；不一定名贵，但一定要血统稳定。只有这种忠于主人，受训性良好又天生身强体壮的犬，才能够适应艰苦的军旅生涯。

军犬作为军队的一分子，在战争时期，等待它们的大都是马革裹尸的壮烈收场，最终它们会被安置在专门的军犬公墓里。而在没有战争的和平年代里，服役时间已满的军犬们也不需要离开军队，并且会被当作退休的英雄，继续生活在那片它早已认定是"家"的绿色军营里面。它们和战争中的军犬唯一的不同之处，就是它们不需要每天起早摸黑的执行任务罢了。

军队在作战区域派狗执行任务的事实常被人忽略，还有人甚至不清楚狗是否上过战场。狗一旦被派到战场上，所到之处均对战争的进程贡献了卓绝的军功。我们首先要表达敬意的绝佳对象就是曾经帮助我们赢得战争的随军犬。

进入 21 世纪后，虽然科技改变了战争的形态和战争的样式，同时一起被改变的还有军犬在战争中的作用。军犬的作用从以往的直接进攻转变成为辅助进攻，成为现代战争的必要补充。

在信息化的作战中，军犬之所以仍然没有被淘汰，完全是因为军犬自身独有的一些天性。比如军犬灵敏超凡的嗅觉和听力、强劲的驰骋力、良好的服从性等生理特点。这些特点也使军犬在未来战争中仍有大展拳脚的机会。比如犬的听力很发达，试验表明，需要一个班的兵力警戒的目标或区域，但如果装备 1～2 只军犬的话，就可以对其进行有效的控制了。

目前，驻伊的美军就配备有多只搜雷犬，负责对过往的车辆以及行军路线进行检查，而这有效地提高了军人和军事装备的安全。而且还有一点是值得注意的，那就是军犬在未来反恐斗争中依然会充当不可忽视的角色。比如像抓捕恐怖分子、解救被绑架的人质、排除爆炸物、对重要场所实施安全检查等工作，军犬都是很有"用武之地"的。而且还有一点可以肯定的是，不管未来的战争中武器装备怎样发展或者先进，军犬都将继续与军人们同行！

拓展思考

1. 最常见的军犬种类有哪些？
2. 如果让你训练军犬你会怎么办？
3. 什么时候军犬才被重视？

有趣的军事——动物在军事中的作用

认识英勇的军犬斗士

Ren Shi Ying Yong De Jun Quan Dou Shi

军犬，是经过专门的训练之后，被列入军队编制的一种军事用犬。军犬不仅是军队的现行装备之一，也是部队战斗力的重要组成部分。在巡逻、警戒、防暴、安检、搜索、反恐、看守、押解、侦查等任务中，军犬都发挥着十分特殊的

※帅气的军犬

作用。事实上，早在国家和军队出现之前，就有一些经过训练的犬只出现在人类与野兽搏杀的战场上了。可以说，如果没有犬的帮助，人类进化的历史可能就会是一个迥然不同的场面！

在许多军事爱好者看来，随着目前高科技武器和战争理念的不断发展，军犬可能也会同曾经辉煌一时的战马、军鸽一样，逐渐地退出军事舞台。但时至今日，军犬在军队中的作用不仅没有被削弱的迹象，反而还更加日益增强了。这也就使大家更想多了解一结军犬和训练他们的战士。下面就让我们一起近距离地和军犬来个零距离接触吧！

◎犬为什么能成为优秀的战士？

犬具有许多优良的特殊性能，比如高度发达的神经系统，敏锐的

嗅、视、听觉等各种分析器官，敏捷的驰骋力，机警灵活，坚强的忍耐性，对人的特殊依恋性，凶猛的咬斗力，易于训练……而也正是因为犬有如此多的优点，所以才被人们选为辅助作战的勇士。下面，我们就细致地了解一下犬身上所具备的优势。

首先，我们先从犬自古就进化而成的且非常适于奔跑以及跳跃的骨骼说起吧！犬的后腿非常得坚韧强健，前腿则轻松、灵活、有弹性。犬类与人不同，由于它们没有锁骨，能够大幅地提高前肢与躯干之间伸展的范围，所以它们的步幅可以更大。看看疾驰的灰狗，你就会明白什么是天生奔跑的骨架。如果仔细观察，你还会发现，犬的每条腿下都连接着利落的4根指头，它们也跟所有行动敏捷的哺乳动物一样，是利用指头进行行走的，这样既可以迅捷加速也可以突然刹车。剩下的一只上爪，是大拇指退化后的器官，可能着地也可能根本着地，这一点根据犬种的不同会呈现出一定的差异性。

犬的所有主要器官都被骨骼和肌肉包裹着、保护着。即使有很多不同的表现，但犬类的身体系统其实跟人类似却是不可否认的事实。比如犬类的心血管系统不仅可以保持速度、也维持耐力。而且很多犬种的奔跑特征还能让人联想到它们的祖先——狼，狼的短途奔跑速度可达每小时55～70千米，但如果需要的话，它们也能以大约每小时8千米的速度在一天的时间里奔跑至少200千米以上。

犬类的感觉器官，特别是鼻子和耳朵更是令人惊叹的一个奇迹。据研究发现，一只狗的鼻子大约包含2.25亿个嗅觉受体，这也就使得它们的嗅觉异常地敏感，并能够体察出细微的气味差别。而相对于犬来说，人类仅有的0.05亿个嗅觉受体就不够瞧了。在正常情况下，营救犬和其他长鼻子犬种，即使在很长时间之后仍能够通过气味辨识出人的确切位置，猎犬甚至可以通过味道辨识出鸟的不同种类。除了灵敏的鼻子之外，犬类还具有非常精准的听觉系统。犬类的耳朵听觉范围高达35 000赫兹，甚至可以转动耳朵以帮助它们定位声音来源，而人类即便是最高的也只有20 000赫兹左右。

这些身体结构上的特点，都使犬类成为了最理想的军事参与者。再加上它们忠诚、讨喜的性格，也就不难理解为什么它们至今仍能活跃在战场之上了!

◎美国发现并使用军犬斗士的过程

早在 12000 年前,人类就已经开始养狗了。它们被用在日常生活中的各个环节,即便是战争也不例外。曾经的希腊人、波斯人、亚述人和巴比伦人都懂得利用犬类对付自己的敌人。这里我们重点向大家介绍一下目前使用犬类斗士的过程。

美国使用犬类斗士的时间并不是最早的。至少在被卷入第一次世界大战之后,美军还没有一支正规、像样的犬类部队。而德国的情形则是完全相反,在第一次世界大战开始之初,德国就有 3 万只军犬为部队服役,并在部队中担任着多种角色。在欧洲的军队中,军犬的角色从医护救援到传递信息,用途堪称是非常广泛。比如,军犬可以潜入壕沟之间的无人之境搜寻伤员。找到伤员之后,它们还会及时递上水和药品,还有一些军犬被训练着把伤员的头盔捡回给管理者以分配担架进行救援。有些时候,军犬还会负责背负一些军火或者其他的补给品。除此之外,军犬在像迷宫一样的战壕里准确的传递消息的本领也是无可匹敌的。

到了第二次世界大战的时候,美军军方的官员仍然没有发现军犬在法国军队中的作用,且仍不打算建立正规的军犬部队。直到后来美国在太平洋战场遭遇了日本兵的游击战,官方才认定他们需要寻求更好的办法来搜寻敌人的具体方位。

1942 年初,美军军队正是号召狗主人为此捐献优质的犬种进行服役。当时,大约有 2 万只狗被列入了新的军犬计划名单,并由美国的陆军军需兵进行负责管理。这一军犬培训基地首先被设在弗吉尼亚州的福隆罗亚,随后其他的地区也逐渐开展了起来。后来,海军陆战队也在北卡罗来纳州建立起独立的培训基地。

培训基地的训练是非常严格的。大多数的军犬都被培养成了负责巡逻海岸和树林的哨兵。1944 年初,随着狗在战争中的地位也不断增强,美国陆军部组织了 15 支军犬团,并将其中的 7 支部队被派遣到了欧洲战场上,另外 8 支则被派遣到太平洋战场。这批被派遣去的军犬大部分都被训练成了依靠嗅觉和听觉来侦察敌人的行踪的侦察兵。但是 1944 年 7 月，军犬和指挥员抵达 K9 军团准备首次演练场地关岛的时候，迎接它们的却是讽刺和嘲笑。但是当部队中的人看到了军犬所能做到的事情之后，这种嘲笑马上就转变成了钦佩。军犬能以听力发现敌人的秘密攻击，这比它们的人类战友要快得多。同时军犬可以非常熟练的找出伏兵，所以几乎在每次的巡逻中军犬都会发挥十分重要的作用。另外，士兵们在独自执行勘察任务的时候也非常依赖这种动物。

在关岛，军犬发挥了极其重要的作用，所以战争在 8 月获得胜利之后，美国的陆军司令部便决定给每一个海军陆战队都配备一个自己的军犬部队。这种热忱一直持续到战争结束。而且，即便是在太平洋战场和欧洲战场的战事全部取得胜利之后，美国的军方指挥部仍要求扩大军犬计划的执行范围。1948 年，军队范围的犬类训练扩大到了陆军战场部队的司法部门；1951 年的时候，更是扩大至整个武装警察部队。

动物武装，其实就是将炸弹绑在动物身上，然后让这只动物跑到军事目标处并引燃炸弹。这种做法极其残忍而且非常疯狂，但是为了达到目的，仍有许多国家曾进行过这方面的实验。在第二次世界大战初期，美国海军以及海军陆战队就曾试图将绑上炸弹的皱褶蝙蝠运送到日本。但最终实验失败了，对于这些小小的棕色蝙蝠来说，已经是天大的幸运了。但是有一群俄国狗就没那么走运了，俄军方训练它们背上捆绑着的炸药，然后钻到德军的坦克下面。狗冲出去一段时间之后炸药就会爆炸，据统计，共有 300 多只反坦克狗以这种方式牺牲了。

通过以上的种种改变，军犬在美军的各种战争中继续发挥着各种作用。在朝鲜战争中，美军军队调集了 1500 只军犬，大部分都作为哨兵执勤。而在越南战争时，由于丛林战场特别需要军犬的搜索功能，所以军犬的数量则上升到了 4000 只。另外，军犬在保护空军基地和其他军用设施方面犬也发挥了极大的作用。比如在越战时期，越南共产党军曾偷袭岘港的美军空军基地，所以美军指挥官不得不在主要的军事设施旁边都设置了军犬哨兵来进行防守。而那些为美国空军而战的军犬，几乎都是在德赛萨斯州圣安东尼奥地区的拉克兰空军基地被训练出来的。当前，许多到伊拉克和阿富汗的军犬也是从那里毕业的，不过它们的角色已经有了很大的改变。

2007 年，在研究人员发现狗的鼻子比任何先进设施搜索爆炸物都更加有效之后，海军陆战队又执行了一项培训 9 只炸弹探嗅犬的任务。有些军犬甚至能够准确地嗅出拥挤的人群中携带着爆炸物执行自杀式袭击的人的气味，而这一功能也被科学家们称为"蒸汽唤醒"。最终，在中东地区执行搜寻任务的军犬升至 350 只，总共服役的军犬高达 3000 只。而就在这其中，还有 1 只被派遣跟随海豹突击队于 2011 年 5 月寻找并消灭奥萨玛·本·拉登这名头号恐怖分子，并获得了成功的。

▶ 小链接

·军犬的超强侦查能力·

2011 年 5 月，本·拉登被美国的突击队击毙的同时，人们知道了一连串的数字：79 人组成的突击队、2 架直升机、40 分钟的作战时间、3 人死亡。死者之一是奥萨玛·本·拉登，他是 911 恐怖袭击的主导者、全世界的通缉犯。两架直升机都像猫爪一样轻盈的着陆，但只有一架飞回了空中。士兵们会炸毁了飞机以确保敌方不能窃取飞机的尖端技术。

然而在这次战斗中，有一个最惹人关注的细节是，一名突击队员带上了一只专门针对这种作战任务的军犬参与到了战斗中来。据悉，这只军犬（美国军方没有透露这只军犬的性别）也许是第一个遇见本·拉登的"美国人"，而且，甚至可以肯定的是，它是在 5 人小组冲入现场时第一个闻到、听到这名塔利班总头目的一个。

这只勇气十足的帅气军犬，成功地吸引了公众的注意，但是千万不要以为这只军犬在阿富汗的表现，是一个刚刚从五角大楼"毕业"的军犬就能够掌握的！自从二战以来，军犬就一直同美军一起战斗。并且有史以来，许多其他的军队中也常出现军犬的身影。军犬与那些因技术的发展而被淘汰的动物不同，在现代战争中发挥着更加重要的作用。事实上，它们探查简易爆炸装置或者智能电子装置的能力，比目前军事工程师研发的任何一种机械设备都要强得多。除此之外，军犬们忠诚、机警、强壮、适应能力强等多方面的特点也都令许多军官都羡慕不已。

◎美国是如何训练军犬的?

许多国家都非常依赖军犬,当然其中也包括中国。然而具备了可训练的犬种,只是一个开始,而如果想要将一只普通的新犬兵训练成真正的战士,那还需要付出很多努力的。现在,就让我们就来看一看训导师们是如何训练军犬的吧!

在人们的意识中,可能训练一只狗无非就是让它们坐下、躺下和转圈,配合人们发出的指令。但是训练军犬在战斗情况下不许乱叫,以防被敌军发现就绝不是这么简单的事情。不过,我们还是需要从训练宠物犬的基础命令开始了解,之后再深入地研究开始训练更难的军事任务的过程吧!

首先,需要认识一下带领犬类经历训练过程的人——训练师。在二战爆发之时,国防部官员在挑选训练师的时候,并没有十分严格的规定,所以早期的一些训练师在应召入伍之前,其实不过就是农场上或者自己养过宠物的年轻人而已。

接下来就是训练师与军犬之间的沟通。训练师很快便能与他的狗结成搭档,他们有一个星期时间来相互熟悉。这段时期,他们会在帐篷里嬉戏、去野外散步或者一起锻炼身体。当狗能够和训练师融洽相处的时候,正式的口令训练就可以开始了。在这一阶段,最主要的就是让狗狗们掌握训练师的基本口头语言和手势。另外,训练员也需要帮助他们的搭档抑制狂吠,以便于在战场上保持安静。基础训练的最后一步,是一周一次的毁坏练习,在这一过程中,狗会经历轻型军火和爆炸等危险情况的考验。

值得一提的是,并非所有的犬类都能够接受军旅生涯的挑战。仅1942~1945年间,获得的1.9万只狗中,就有45%左右的狗没能通过基础训练。只有那些进入更高级训练项目的狗才有可能获得真正的专业技能。其中有一部分狗被训练站岗放哨的职能,另外的一些则被训练成为侦察兵或者负责侦查地雷和炸弹。虽然这些军犬大多数都不具很强的攻击性,但它们也具有军方所称的"可控制的攻击性",它们可以听从命令攻击敌方士兵,或者在无命令的情况下进行自我防御。

目前，现代战争犬仍然遵循着相似的制度，而与以往最大的不同就是获得一只可训练犬种的价格提高了好几倍。目前，根据特殊作用的不同，训练一只军犬的费用约为 2～4 万美元。而且训练过后不管能否进行作业，狗和训练员都需要坐着军队分支机构特别准备的专用交通工具去往目的地。比如美国的空军犬常常会跟随者训练员，一前一后的奔入飞机；而海军陆战队的军犬则更喜欢坐船，而且在两栖登陆的时候，会一下子从船上窜上岸去。也正因为花了大量的时间、努力和资金在训练军犬方面，所以，美国的国防部对军犬也是格外的珍惜！

◎感人的军犬故事

以身护主的军犬

狗上战场的历史已有千年之久，时至今日，军犬仍经过训练用于在战区执行任务——从侦察到追踪，从探测到放哨。即便是最耐用的机器也会有故障的时候，而军犬们，除非它们死去，绝不背叛主人。

在美丽的大兴安岭，从原始的白桦林之间刮过的寒风阵阵，就像刀子从脸上割过。此时一名战士正孤身一人在这冰天雪地的白桦林中，与两名企图越境的武装分子对峙着。由于他的战友暂时无法赶来支援，所以年轻的士兵正在接受着严峻的考验。

就在战士击伤了其中一个武装分子，并准备将伤者擒获的时候，隐匿在一旁的另一个武装分子却突然举枪射中了他的肩膀。不过，没等他射出第二枪，战士的军犬便如箭一般地咆哮着冲了上去，军犬准确的咬住了武装分子持枪的右手，并将其压在了身下，就在这一人一犬正在全力制服第二名武装分子的时候，第一名被击伤的家伙却悄悄苏醒了。他偷偷地捡起了丢在一旁枪，并将枪口瞄准了年轻的战士，迅速扣动了扳机。当卡住第一颗子弹的咔嗒声传出来的时候，正在与歹徒搏斗的战士并未察觉到自己已经在死亡线上走过了一个来回了，然而，这细微的响动却没有逃过军犬的耳朵，军犬发现了黑洞洞的枪口，当枪声再次响起的时候，勇敢的军犬迎了上去，挡在了自己的主人前面。腾空而起的军犬一头栽落了下来，子弹迎面从它的口中射入，军犬用它自己的生命，为主人挡住了子弹。敌人看到军犬的行为，也被这种无畏的精神所震撼，就是这一愣神给了战士时间，将他当场击毙。

保护爱犬的战士

在现实生活中，除了有军犬为了保护主人而牺牲的例子之外，也有主人为了护犬而不顾自己生命的实例。曾经就有一个战士和自己的爱犬曾经历了一场生与死考验。

在抗日战争时期，有关炸药包的革命故事有很多，为了炸药包而捐躯的英烈也不在少数。然而对于人来说，拉炸药包也许没有太大的难度，但是却很少有听说训练军犬自己拉炸药包的先例，因为拉炸药包的动作已经接近了军犬能力的上限。

一次，一个战士和自己的爱犬开始尝试让军犬拉炸药包的训练。在训练的过程中，军犬拉开了导火索之后，却又叼起了炸药包。眼见情况十分危机，军犬的引导员在此时本应该是立即后撤的，但是他却像疯了一样的冲上前去，企图要从军犬的口中夺下炸药包。然而军犬这时似乎也好像意识到了危险，死活就是不肯松口，还做出来想要带着炸药包跑开的样子。战士此时也不知哪来的力气，硬是生生地把包从犬的嘴里夺了出来，并迅速将包抛了出去，接着是一个前扑，还不忘顺势将爱犬搂在自己的怀里面。炸药包抛出不到 3 秒钟的时间，就在半空中爆炸了。所幸平常训练用的炸药包装药比较少，才使得人和犬都能够得以保全。但即便是这样，爆炸的威力也使将战士的后背炸了个血肉模糊，当场便昏了过去。

在战士急救的过程中，他的爱犬一直寸步不离地在手术室的外面守候着，只要看到有人从手术室里走出，就会发出低低的呜呜叫声，好像是在询问他的主人是不是已经醒来了。军犬这种不吃不喝的情形一直持续着，直到战士在手术后第二天的晚上醒来为止，军犬才肯跟基地的战士回去进食。而受伤的战士在神志清醒之后所问第一句话更是让人所有人都感叹不已："今天谁喂的我儿子？"旁边的护士被战士莫名其妙的话问住了，不明白他所说的话是什么意思。旁边的战士赶忙告诉他，军犬自从你在这之后就不肯吃东西，谁牵都不肯回去，一直都在门口守着你呢。而此时在门外的军犬知道了主人没事，正高兴的满地转圈，嘴里也是兴奋的汪汪乱叫，尾巴摇得要掉了一样的开心。

◎军犬最终的归宿

欧内斯特·海明威曾经在书中写到"现代战争中人们除了适应了死亡之外，没有任何其他的乐趣。"仿佛也正应了这句话，在古老的战争中，军犬常常都会在作战的过程中受伤致死。即便是军犬在二战、越南战争以及朝鲜战争中已经充分表现出了它们的价值，一部分军队却仍将它们视为无生命的军火和坦克一般。据越南国防部称，曾有281名军犬在作战的过程中牺牲，而那些有幸生存下来的军犬也被当成了"剩余设备"遗弃在了越南战场。

现在，美国对待军犬的态度与以前已经有很大的不同了。美国的军方不仅将军犬当成人类的战士一样看待，而且还给于同样的关怀和注意。而且这还涉及战场上以及退伍后军犬的医疗状况。在伊拉克和阿富汗战场上，对犬类生命威胁最大的就是它们需要寻找的爆炸装置。根据军方所提供的资料，自海军陆战队2007年开始使用军犬搜寻爆炸物以来，约有20只犬类死于自制爆炸物的袭击。另外，炎热的天气也容易引起威胁犬类生命的胃气胀等症状，非常严重的问题。所以，一半的军犬指挥员都需要接受犬类急救培训，并能够提供战场上的一些基础治疗。然而，受伤严重的军犬，会被直升机运往散布在世界各地的美军兽医中心进行专业的治疗。

如果有患上长期生理或者心理方面疾病的军犬，会被带到德克萨斯州圣安东尼奥市的荷兰工作犬兽医医院进行特殊治疗。受伤的军犬在这里不仅可以进行物理治疗，而且如果军犬患外伤性神经症，那么它们还将在犬类心理专家的带领下接受几个疗程的心理治疗。大多数的军犬，在经过治疗后就可以伤愈归队。之后，在经历4～5次的调配之后，等军犬到了8～9岁的时候就可以退伍了。

但是家庭并非是退休军犬的唯一的归宿，很多退伍的军犬也会继续为警察机关、保安公司服务提供帮助。军犬基金会就是用来帮助那些有意愿收养退伍军犬的人而专门组织的。他们与执法机关以及相关的个人进行合作，目的就是能够为退伍的老军犬找到一个合适的家。很多时候，如果条件允许的话，训练员自己也会收养自己训练的军犬。由于他们之间的关系本就十分亲密，所以对于退伍的军犬来说也是一种很好的归宿。

| 拓展思考 |

1. 为什么狗被选为了军中勇士？
2. 训练军犬的时候有哪些注意事项？
3. 军犬的最终归宿是哪里？

有趣的军事——动物在军事中的作用

德国牧羊犬

De Guo Mu Yang Quan

※德牧

德国牧羊犬是目前世界上所公认的最优秀的工作犬之一。由于德国牧羊犬的性情温良、感觉敏锐，警惕性高且又服从命令，所以常被广泛用于缉毒、护卫、侦察等军警方面。在第一次世界大战之后，大量的德国牧羊犬被引进了英国，尔后又迅速地输至世界各地。于是，德国牧羊犬成为分布最广，也是最受欢迎的犬类品种之一，然而最钟爱牧羊犬的其实还是德国人。

目前，德国境内大约有 50 万只德国牧羊犬，其中有 90% 都是由家庭进行饲养的，这些犬成为居民的好伙伴和守卫者；剩余的 10% 则由警署、海关、救援组织等机构驯养。

起初，德国牧羊犬主要是被作为追踪犬投入军事使用的。警察对不同用途的犬只也有各种不同的看法，比如追踪犬，除了具有犬的基本技能之外，还应具备优良的探路本能。不久之后，人们又发现，德国牧羊犬对用鼻子工作有着特殊的优越条件。所以，德国牧羊犬在警察和军队中被优先启用。

德国牧羊犬的体形大小适中，有厚厚的毛、黝黑发亮的脸庞、竖立的耳朵、杏眼，它的身体雄健、四爪锋利、肌肉结实、背脊笔直。德国牧羊犬不仅各部位都比较匀称和谐、姿态端庄美观，而且生理机能较好、繁殖力强。由于德国牧羊犬身上绝大多数都是黑灰色的毛或者腹部为灰白色，背部为黑灰色，所以也被称为"黑背"。德国牧羊犬最与众不同的地方，就是它的感觉极为敏锐、警惕性高，所以素有"天然警犬"之称。另外，德国牧羊犬的听觉灵敏，通常比人要强16倍。且行动时胆大凶猛、机警灵活、敏捷轻快、追踪衔物欲高，奔跑时的速度甚至可达每小时60千米。静态时的德国牧羊犬安稳沉着、富于耐性、刚柔相济、依恋性强，易于训练，而且十分聪慧、忠诚，与主人的配合也十分默契。所以，现在德国牧羊犬已经被广泛地应用于各个领域，特别是军、警用犬，在救护、搜毒、追踪、护卫等方面屡建奇功。

德国牧羊犬，通常分为短毛弓背犬和长毛平背犬两种。这两种犬在性格和智商上基本是没有差异的，但在体型与毛质上却有一定的差异。通常情况下，母犬繁殖的长毛直背类会被饲养者淘汰掉，因为人们认为这属于一种返祖现象。不过，至今为止，这种情况依然会偶尔发生在许多纯种德国牧羊犬的身上。

通常情况下，德国牧羊犬性别特征非常明显，根据其性别不同，或显得雄壮，或显得柔美。德国牧羊犬的身躯坚固而细长，不论是在休息时还是在运动中，既不显得笨拙，也不显得软弱，大多会给人以结实、肌肉发达、敏捷、警惕、且充满活力的印象。德国牧羊犬不仅非常平稳，而且前后躯非常和谐。其体长也略大于身高，身躯很深，身体轮廓的平滑曲线要胜于角度。最理想的德国牧羊犬，给人的印象应该都是素质良好，且具有一种无法形容的高贵感，但是你肯定一眼就能分辨出来，绝对不会

※长毛德牧

※健壮的德国牧羊犬

弄错。

德国牧羊犬有直接、大胆，但无敌意等非常明显的个性特征，德国牧羊犬的品种注定它必须平静地站在那里、平易近人、不固执、乐于接受安排，显得很有信心。机会允许的话，泰然自若的德国牧羊犬也会显得热情而警惕，看门狗、导盲犬、伴侣犬、牧羊犬或护卫犬，不管是哪种工作，它都能胜任。德国牧羊犬决不会显得胆小、羞怯，躲在主人或者牵犬师的背后；更不会显得神经质，四处张望、向上看或者显出紧张不安的情绪，比如听到陌生声音或者见到陌生事物的时候就夹起尾巴。理想的德国牧羊犬应该是一种不易被收买的工作犬，其身体的构造和步态也会使它能够完成非常艰巨的任务。

德国牧羊犬必须具有很好的自我防卫能力，很强的平衡神经系统，以及绝对无私的奉献精神。同时，它还必须保持良好的自然本能，除非这种本能需要被人类加以限制。德国牧羊犬还必须具有饱满的精神状态，行动轻盈敏捷；必须具有勇气和胆量，以及一种顽强拼搏和战斗的本能；它还必须具有强烈的占有欲望。上述这些都是对德国牧羊犬最本质的要求。只有具备这些条件它才可能成为人类的忠实伴侣，肩负起保卫、警戒和放牧的职责。

德国牧羊犬自其 1899 年最初的繁育开始，就被当作一种纯粹的工作犬来繁育的，这就是说，繁育的标准不是外观时尚，也不以个人的审美观点为准，其唯一的标准是满足工作犬要求的各方面指标。听力，嗅觉，心理体力耐力，灵活性都是要考虑的指标。牧羊犬的另一个优点是其中度兴奋点，即它不易被激怒的性格。德国使用警犬的机构均和德国牧羊犬协会有着密切的合作关系，目的是利用现代科技维持德国牧羊犬作为工作犬的良好个性。

◎德国牧羊犬的细部特征

雄性德国牧羊犬的理想肩高约 60～65 厘米，雌性的理想肩高约55～60 厘米，身体长度的测量方法是从胸骨到骨盆末端，坐骨突起处。其体长和身高的理想的比例则为 10∶8.5。理想的德国牧羊犬身躯长度，并不是单由背部的长度所提供的，而是由整体匀称的比例与高度协调决定的。从侧面观察，德牧的身躯长度包括前躯的长度、马肩隆的长度、后躯长度几个部分。

德国牧羊犬的头部高贵，线条简洁，结实却不粗笨，但是其整体绝对不能太过纤细，一定要与身躯比例协调。另外，雄性德国牧羊犬的头部明显地显示出雄壮，而雌性德国牧羊犬的头部则明显地显示出柔美。

德国牧羊犬的表情通常都是锐利、聪明且沉着。

德国牧羊犬的眼睛呈中等大小，杏仁形，位置略微倾斜，不突出，颜色尽可能深。

德国牧羊犬的耳朵略尖、向前，与脑袋的比例比较匀称，关注的时候耳朵会直立，理想的耳朵姿势是：从前面观察，耳朵的中心线相互平行，且垂直于地面，剪耳或垂耳都属于失格。

从前面观察，德国牧羊犬的前额适度圆拱，脑袋倾斜且长，吻部呈楔形。

德国牧羊犬的吻部长而结实，轮廓线与脑袋的轮廓线相互平行。

德国牧羊犬的鼻镜黑色。如果鼻镜不是彻底的黑色属于失格。

德国牧羊犬的嘴唇非常合适，颌部非常坚固。

德国牧羊犬的牙齿：42 颗牙齿，20 颗上颚牙齿和 22 颗下颚牙齿，牙齿坚固，剪状咬和。上颚突出式咬和或钳状咬和不符合需要，下颚突出式咬和属于失格。齿系完整，除了第一前臼齿外，缺少其他牙齿都属于严重缺陷。

德国牧羊犬的颈部结实且肌肉发达，轮廓鲜明且相对较长，与头部比例协调，且没有松弛的皮肤。当它关注或兴奋的时候，头部会抬起，颈部也会高高地昂起，否则，典型的姿势就是颈部向前伸支撑着头部，使头部略高于肩部，而不是向上伸，尤其是在运动时。

德国牧羊犬的背部，马肩隆位置最高，向后倾斜，过渡到平直的后背。后背直，非常稳固，没下陷或拱起。后背相当短，与整个身躯给人的印象是深但不笨重。

德国牧羊犬的肩胛骨长而倾斜，平躺着，不很靠前。上臂与肩胛骨构成一个直角。肩胛与上臂都肌肉发达。不论从什么角度观察，前肢都是笔直的，骨骼呈卵形而不是圆形。骹骨结实而有弹性，与垂直线成25°角。前肢的狼爪可以切除，但通常保留。足爪短，脚趾紧凑且圆拱，脚垫厚实而稳固，趾甲短且为暗黑色。

德国牧羊犬的胸部开始于胸骨，丰满且向下到两腿之间。胸深而宽，不浅薄，向前突出，这样能够给心脏和肺部足够的空间。从轮廓上观察，胸骨突在肩胛之前。

德国牧羊犬的肋骨很长，扩张性良好，既非桶状胸，也不属于平板胸，且肋骨一直向下延伸到肘部位置。正确的肋骨组织是在狗小跑时，能允许肘部前后自由移动。过圆的肋骨会影响肘部的运动，且使肘部外翻；而过平或者过短的肋骨又会造成肘部内弯。肋骨适当地向后，使腰部相对较短。另外，其腹部稳固，没有大肚子。下腹曲线只在腰部适度上提。

德国牧羊犬的腰部从上面观察，是又宽又强壮的。从侧面观察，从最后一节肋骨到大腿的长度不正确，是不符合需要的。

从侧面观察，德国牧羊犬的整个大腿组织非常宽，上下两部分大腿都肌肉发达，稳固，且尽可能成直角。上半部分大腿骨与肩胛骨平行，而下半部分大腿骨与上臂骨平行。跗骨（飞节与足爪之间的部分）短、结实且结合紧密。狼爪，如果后肢有狼爪，必须切除。足爪与前肢相同。

德国牧羊犬的爪子呈圆形，脚趾间应该紧密，有半圆状的拱形，爪子的底部要有丰厚的脚垫，能够耐磨，不能有脆嫩的表皮。犬的指甲短粗，有力，呈黑色。

德国牧羊犬的尾巴毛发浓密，尾椎至少延伸到飞节。尾巴平滑的与臀部结合，位置低，不能太高。休息时，尾巴直直地下垂，略微弯曲，呈马刀状。呈轻微的钩子状，有时歪向身体一侧，属于缺陷。当狗在兴奋时或运动中，曲线会加强，尾巴突起，但决不会卷曲到超过垂直线。尾巴短，或末端僵硬都属于严重缺陷。断尾则属于失格。

理想的德国牧羊犬有中等长度的双层被毛。外层披毛尽可能浓密，毛发直、粗硬、且平贴着身体。略呈波浪状的被毛，通常是刚毛质地的毛发。头部、耳朵内、前额、腿和脚掌上都覆盖着较短的毛发，颈部毛发长而浓密。前肢和后腿后方，毛发略长，分别延伸到骹骨和飞节。如果出现被毛柔软、羊毛质地的被毛、外层披毛过长、丝状被毛、卷曲的被毛、敞开的被毛等都属于缺陷。

德国牧羊犬毛发的基本颜色应该是黑色，并伴有云状的黑毛，同时其背部和面部也均为黑色。再有，牧羊犬的胸肋部可以是白色，但这种颜色是不甚理想的。犬的鼻毛必须完全是黑色，面部的黑毛过少，眼部周围的黑毛过少，以及指甲和尾巴尖呈浅色或白色都应视为缺乏色素沉着。德国牧羊犬的颜色多变，大多数的颜色都是允许的，但浓烈的颜色为首选。而黯淡的颜色、褪色、蓝色及肝色为严重缺陷，白色的德国牧羊犬则为失格。

德国牧羊犬的步态属于小跑型的，它的身体构造也决定了它可以胜任它的工作。其步态非常轻松、平滑、有弹性而有节奏，步幅非常大而频率很低。踱步时，步幅大，是因为前肢和后肢的步幅都非常大。小跑时，前后肢的步幅没那么大，但整体步幅依然相当大，动作有力但轻松，由于动作协调且平衡，所以步态稳固，就像是上好润滑油的机器一样。德国牧羊犬的足爪不管是在向前伸展的时候，还是向后蹬地的时候，都离地面非常近。为了能实现这一品种的理想步态，德国牧羊犬必须有非常发达的肌肉和强健的韧带。后躯驱动力会通过后背将强大的动力输送给整个身体，从而推动身体向前运动。在身躯下伸展很远的距离，踏过前足爪留下的足迹，后足爪紧密抓地，飞节、后膝关节、上半部分大腿开始运动，进行后蹬。直到后肢动作完成，后足爪始终都是贴近地面，平滑移动的。过度伸展的后肢，会造成一个后足爪落在前足爪足迹外侧，而另一后足爪落在前足爪足迹内侧，这样的动作不属于缺陷，除非德国牧羊犬偏离了正确的行走直线，向一侧斜行。

典型的平滑、流畅的步态，需要一个坚实、稳固的后背。德国牧羊犬后躯的全部努力，都是通过腰、背、肩传递给前躯的。正确的小跑，背线必须保持稳固、水平，不能摇摆、滚动、甩动、或拱起。如果马肩隆低于臀部就属于缺陷。为了配合后躯提供的向前驱动力，德国牧羊犬的肩部必须完全放松，前肢必须伸展很大的幅度，以配合后躯的动作。德国牧羊犬的足迹不应该是两条分得很开的平行线，小跑时，足爪应该向内，靠近身体中心线，以保持平衡。足迹靠近，但不能重叠或交错。从前面观察，从肩部到脚垫形成一条直线；从后面观察，从臀部到脚垫形成一条直线。

·德国牧羊犬的选购、饲养和管理·

德牧的选购要点：

1. 首先，在选购德牧的时候，一定要注意不要选择母系近亲繁殖的幼犬和跨血系繁殖的幼犬或者混合血系繁殖的幼犬，但从父系做近亲繁殖的幼犬则可考虑选购。另外，在通常情况下，一只血统优秀的母犬，其繁育的第四胎息是最好的。因为这个时期是种母犬最佳的生育年龄段，所以此时所育出的幼犬遗传基因也是效果最佳的。

2. 在判断体型的时候，一般尽量避免选择体型太小或是骨量偏小的母幼犬，因为选择了这样的母幼犬一般是不宜用来作为种母犬进行繁殖后代的；即便非要繁殖，也必须精心挑选体型较大或骨量较大的种公犬与之交配，才有可能会繁殖出品质稍好一些的后代，否则不是难产，就是"次品"。

3. 不要排斥以父系做近亲繁殖提纯的幼犬。即在第一代交配后，待母幼犬成熟后，再同父系种公犬与之交配，以此循环四代以后便有可能诞生上品的幼犬。只要该种公犬是血系纯正的，其后代幼犬的品质一般不会很差。

4. 在选购之前，一定要注意问明种公犬在交配时的年龄大小。因为年龄较小的种公犬生育器官仍处于生长阶段尚不健全，精液数量较少且质量不高。所以一般情况下，16个月龄以前的犬是不宜用作交配的。而且在繁殖专家看来，年龄太小的德牧育出的幼犬遗传基因效果也不可能是最佳的。

5. 挑选幼犬的时候，还要特别注意观察犬的毛色，如果同胎幼犬毛色变化太大或者有杂毛的话，那么这窝幼犬将来作种犬的价值可能就不是很大了。而且在挑选时，还要注意仔细观察幼犬的面部、耳部、生殖器等部位，看是否有整容整形的痕迹，如果有明显的痕迹则应慎重购买。另外，挑选公幼犬时一定要注意摸一摸它的睾丸，是一对则表明有作种公犬的价值和可能，是一只则不可能作为种公犬和赛级犬，只能作为一般的玩赏犬，而且价格也不应该太贵。

6. 通常，如果是向真正高水准的繁殖专家购买幼犬，那么一定要谨记，千万别直截了当的交谈"买卖"。首先最好先表明自己的爱心和热情，并且明确承诺今后定会精心培育的愿望，否则是不可能获得良种幼犬的。另外，千万不要轻易开口表明出想要购买母幼犬的愿望，因为真正的繁殖专家，通常都是决不会将良种的母犬轻易地受让给对它不了解的爱好者的。

7. 最后，还有一点是十分需要注意的。那就是好的赛级犬不一定就是好的繁殖犬，但好的繁殖犬一定会培育出优秀的赛级犬。所以，在挑选德牧幼犬的时候，千万不要片面地认为只要是得过大奖的犬所产的息就是好的，而没有赏历的犬所产的息就是不好的。在选购时，一定要遵循挑选幼犬的基本原则和标准。

德牧的饲养：

德国牧羊犬体质健壮，发育正常，四肢有力，跑跳迅速自如。胆大灵活，能适应较复杂的环境，兴奋、爱活动，衔取欲强，依恋性好，属易饲养犬。

蛋白质、脂肪、碳水化合物、矿物质和维生素等营养是维持犬生长发育等生命活动所必须的物质。犬的主食常用蛋类、鱼类、牛肉、牛奶及畜禽类内脏等，而且在所有的肉类中以牛肉最佳。

一般来说，德国牧羊犬在 2 个月大的时候是最需要注意饮食的，此时的饮食如果不好就可能会夭折。2～3 月龄的时候，德国牧羊犬还需耐心、细致地进行管理，因为这不仅与幼犬的体质发育关系极大，而且对犬神经系统的正常发育也有直接地影响。所以，适当地带犬进行运动锻炼，对改善内脏器官机能，促进新陈代谢，强健骨骼、肌肉组织，适应不同气候及环境条件等方面都有十分良好作用。

想要保证德国牧羊犬的健康成长，还需要注意免疫接种和预防性驱虫。通常的免疫程序约为 45 天时第一次免疫，以 10 天间隔再连续免疫 2 次，3 月龄时需要注射狂犬疫苗，幼犬则每月进行驱虫 1 次。

另外，与其他犬种比较，德国牧羊犬易发一种遗传病—慢性退化脊髓神经障碍，且多发于 7 岁以后的老犬。这种关联中枢神经的病害，最初的表现是后足行动不自由，不能很好的触及地面。数月之后，则会过渡为局部的麻痹，德牧的行走会因此而变得十分困难，但是却无痛感。目前，这种病尚无可以治愈的方法。脑下垂体障碍性矮犬症脑下垂体的荷尔蒙分泌机能遗传性的不全，因此对犬的成长造成障碍。出生后 8 周表现正常，在此之后成长延缓，最后皮毛全部脱落。

饲养德牧必知的管理常识：

1. 吃东西的规矩：给狗狗吃的东西一定要注意科学性，千万不要将狗想吃的东西都给它吃，那样会对它的健康造成伤害的。如果狗狗想在路上捡东西吃，也一定要及时制止，防止吃到腐烂或有毒的东西。最好是在狗刚想捡食掉在地上的食物时，拉紧绳索，不要与狗对视。

2. 排便的规矩：对德牧的排便一定要严格管教，并让它牢牢记住上厕所的规矩。特别在对于在室内进行养狗的人来说，请一定培养好小狗排便的习惯。狗也是很爱干净的，它不会在自己的窝中排便。所以，小狗到了家之后，首先就应该告诉它便盆的准确位置，并让它在那儿排一次便。刚开始的时候，小狗会有不在规定地方排便的现象，但即使它排便没按规矩，也不要发火。这时应该把狗带到别的屋里，在它看不见的情况下，把被它弄脏的地方打扫干净，再喷些除臭剂。慢慢地，小狗就能记住便盆的位置，大约过上 2 个星期之后，小狗就能够自己到指定的地方进行排便了。

3. 清洁的规矩：德牧平时的护理相对来说是比较容易的，只要每周进行一次全身刷毛即可。进行刷毛的时候，要刮刷刷狗狗全身的毛，清除脱掉的毛和皮屑，清洗耳朵、眼睛、牙齿。并进行修剪趾甲，修剪脚垫上、肉趾周围和跗关节后多余的毛发。给狗狗洗澡的时还要使用适合的香波，并彻底冲洗干净。洗完之后记得要用毛巾进行挤水，并用吹风机顺毛吹干。而且最好每年能够使用毛发营养液对狗狗进行护理 3 次。

4. 散步的规矩：在散步的时候，千万不要让犬走在前面，而要让它学会跟在主人左侧走。另外，德国牧羊犬每天的散步时间和路线最好经常变换一下。

5. 让它记住不能进入的房间：为了不给讨厌狗的客人留下坏印象，在它刚要进入房间时就责备。

6. 不要让它随便乱叫：为了不给邻居们添麻烦，让狗与人能和平共存，查找吼叫的原因。

7. 公共住宅中的教养：考虑到有讨厌狗的人，不可放任。

8. 制止对门铃响吼叫：不让吼叫声打搅邻居，用磁带录下门铃声或让朋友帮忙按门铃，让狗明白叫是徒劳。

9. 让狗具有社会性：让狗记住社会规则，争取赢得人们和其他狗的喜爱，过分娇惯不好，应该抱着与培养小孩子同样的心情与狗接触。

10. 装入箱子的训练：狗狗如果学会了这个，一起旅行或单独看家都不必担心了，不要给狗留下被关起来的印象。

※意气风发的军犬

◎德国牧羊犬的警犬生涯

德国牧羊犬是一种源于放牧犬和农田犬的古老品种，作为仆人和同伴，德牧已经与人相联系了大约几个世纪，目前也已经受到了更进一步的改良。1899 年，在德国建立的牧羊犬俱乐部初步发起一种崇尚牧羊犬的时尚，此后大约从 1914 年开始，这种时尚又迅速地向前扩散到世界的各地。当美国牧羊犬俱乐部鼓励大家培养对牧羊犬的兴趣时，许多国家的专门俱乐部也随之进行仿效。

自始至终，德国牧羊犬作为一种工作犬，经过了有选择的繁育，并且也通过专门训练以后，其性情和身体结构都已经很发达了。由于德国牧羊犬具有灵敏的机警、嗅觉、听力，即便是在科技发展的当今社会，警察们仍然离不开它们的帮助。目前，在德国大约有近万只的警犬帮助警察执行日常的巡逻、抓捕罪犯、搜寻失踪人员、特别行动、追查毒品等多项高难度的任务。

德国警犬的历史回顾

虽然居家养狗已经有几千年的历史，但是在德国，狗为警察服务大约只有 100 年左右的历史。最早有记载的警犬，大约要属 1155 年法国海港城市圣玛洛的所谓"船务警犬"了。当时，每天天黑之后就会关闭城门，而这种猛犬也会被放出来以保证城市安全，它们可以有效地防止抢劫、盗窃等非法行为，而这一作法一直延续大约 650 年左右。到 1770 年的时候，有一个年轻的水兵因为回城的时间有些晚了，便试图越门而入，不料却被放出来的船务犬误认为是不法之人，惨被咬死。这件事件发生之后，法院便下令毒死所有的警犬。

1816 年，英国就已经正式出现了警犬，它们的主要任务是查找走私威士忌的违法走私犯。而德国警犬的历史就相对较短了，直到 20 世纪，警察局才允许警员带着自己的警犬去巡逻。1896 年，德国希尔德斯海姆市才正式宣布警犬的诞生。随后，施威尔姆和布伦瑞克市也相继效仿。

刚开始的时候，人们看到警察携带警犬巡逻时，总是会忍俊不禁，因为这些狗都是些杂种狗或者小宠物狗。直到 1902 年，德国一只叫凯撒的猛犬才给警犬正了名。当时，由于施威尔姆市市政府厅突然着火，引来了大群的人围观看热闹，不管警察怎么赶这些围观者都不肯离开，从而致使消防工作无法进行。而就在此时，警犬凯撒冲着看热闹的人发出了怒吼，人们吓得纷纷向后退避。也正是从此以后，德国警察局才正式成立了警犬事务的部门。不久之后，哈根市、威斯特伐伦市还特意举行了第一次正规的警犬考试。

从此时开始，人们试图繁育出一种最适合警察使用的警犬。而这幅繁育的蓝图则是由普鲁士皇家骑兵上导尉施特凡尼茨绘制的，他最终的目的是想培育出一种适合于寻找踪迹，且特别灵敏以及极易训练的狗。而且最终还要让这种犬能够成为人类的帮手。开始时，这个想法看上去像只是纯理论的东西，但是经过几年之后，这个想法就变成了现实，并且还促成了一种犬种的诞生和发展。

警犬目前的使用范围

警犬大致可以分为防卫犬和踪迹犬两大类，踪迹犬又可细分为踪迹搜索犬、尸体搜索犬、炸弹搜索犬、毒品搜索犬以及气味比较犬。德国牧羊犬的繁育人和第一任德国牧羊犬协会主席施特凡尼茨其实是相当有远见的，他有意识地培育出了一种中等体型、鼻子较长的狗，由于这种狗的嗅觉量明显较大，嗅觉能力也比鼻子短的狗明显要强，而且这个事实已得到科学的论证。第一个靠嗅觉破了大案的是一只叫哈拉斯的犬。1904年，哈拉斯不仅在作案地点嗅到了杀人犯的气味，而且还靠着气味这一条线索找到了这个凶手，这件事在当时还引起了很大的轰动。但在20世纪20年代，狗的嗅觉的准确性却一度遭到了怀疑，人们还就狗是否能够准确辨认区别每个人的气味，从而判别出谁是罪犯而进行了很长时间的争论。但当时的怀疑，目前已经都不是问题了。而且原则上来说，狗的确是能够区别出每个人身上的特殊气味的，特别是受过专门训练的"气味分辨犬"长期以来为司法部门提供了大量的抓捕罪犯的宝贵证据。

如今，没有警犬的警察局其实是很难以想象的。1998年，德国就有5000条警犬为警察局、海关和边防部队等提供服务，而其中有80%都是德国牧羊犬，而且这一比例多年来基本上没有发生过太大的变化。德国北威州的一所警犬学校还证实，犯罪分子和捣乱破坏分子对德国牧羊犬的恐惧，甚至超过了对持枪警察的惧怕。只要有警犬在场，可以说就是对闹事者的一种最有效地威慑。另外，德国牧羊犬在大型活动和集会的时候也特别有效，而且实践证明一只犬的威慑力几乎相当于8名警察。

▶ 知识链接

　　为什么德国牧羊犬适合作公务犬？归结起来大致有以下几条原因：

　　1. 德国牧羊犬的学习能力和理解力较强。

　　2. 德国牧羊犬有很高的心理素质和体力耐力，所以它是用作救援犬的最好犬种。

　　3. 在全世界400多种狗中，德国羊犬是全方位的犬种，它既是很好的公务犬，也是很好的家庭犬。

　　4. 德国牧羊犬对气候的适应性极强，这也是它在全世界各地都受到喜欢的原因。只要养得法，它还很会同人打交道，合群，是理想的家庭犬。

拓展思考

　　1. 德牧被广泛用于军警方面，它的特点是什么？

　　2. 德牧都有哪几类？

　　3. 你喜欢德牧么？

昆 明 犬

Kun Ming Quan

◎ 中国昆明犬

※昆明犬

昆明犬是我国成都军区的军犬训练队出来的，它们是自行培育的优良犬种。在1953年开始精心选育，1964年培育成功，经过历代班子的不懈努力，在1991年荣获了国家的科技进步的二等奖，军队科技进步的三等奖，2005年成功的培育了第7代昆明犬是我国唯一具有自主知识产权的军、警工作用犬，在全国的31全省、市、自治区和东南亚国家得到了广泛的推广和使用，取得了在军事上、社会上和经济的交易上的重大成功，填补了我国不会自己培育良种犬的空白。昆明犬的体型比较适中，外形也比较匀称，略呈方形。头部为楔形，轮廓较为清晰，鼻梁非常的平直，两只耳朵直立着，背腰比较平直，体高与荐高比较接近，胸深小于体高的一半，腹部收缩，腹围比较小，剑状或者是钩状尾，皮非常的薄，毛也比较短，毛色为狼青色、黑色、黑色带有黄褐色的斑纹。公犬身体的高度为61～70厘米，身体的长度为66～76厘米，体重大约在28～40千克左右；母犬身体的高度为58～66厘米，身体的长度是65～74厘米，体重大约在26～36千克左右。

警用性能：比较活泼兴奋，嗅觉非常的灵敏，它的胆子比较大，也非常勇敢，攻击性比较强，衔取兴奋，服从性比较好，体质良好。适合用来刑侦、巡逻、护卫、防暴、缉毒。

昆明犬黑背品系

黑品系的外貌特征：毛色为背部为黑色，腹部是草黄色，头比较大，脸面比较宽，鼻梁较短，嘴筒短粗，两只耳朵之间的距离比较大，脸部有明显的蝴蝶斑纹，眼球为暗褐色，颈部比较短，腹围比较大，四肢非常发达，躯体非常粗壮。

警用特点：兴奋性比较强，性情非常凶猛，比较好动、喜好斗，主动的攻击性比较强，警戒、护卫、扑咬的成绩比较突出。

昆明犬草黄品系

草黄品系的外貌特征：毛色是草黄色，它的头、颈、腹围是在狼青与黑背品系之间的，鼻子的表面比较饱满，四肢非常俊秀，体型比另外两个品系小，眼球为杏黄色，背部容易长卷毛。

警用特点：兴奋性比较持久，运动的能力比较强，有很强的追踪能力。

昆明犬狼青品系

外貌特征：毛色为狼青色，头部比较小，因此面部也较小，鼻梁比较长，吻部又细又长，两只耳朵的间距比较小，眼球呈暗褐色。颈部比较长，腹围小，肌肉非常的结实，尾稍长并且较直。

警用特点：它非常的沉着和活泼，依恋性比较强，兴奋与抑制比较容易达到平衡，鉴别、追踪和扑咬的这三项成绩比较好，工作能力比较全面，用途非常广泛。

一、昆明犬训练的历史沿革

昆明犬的训练，是随着经济文化的从而发展的，也是从社会的进步而开始的。云南昆明地处祖国的西南边疆，在 1949 年以前，军队、警察和监狱等部门，都没有训练和使用军犬、警犬。在中华人民共和国成立之后，1955 年省公安厅的警犬在社会上收集了少数私人养的"狼犬"开始进行训练和繁殖用来作为警犬。经过长时间的训练、使用和选优培育，形成了适应云南地理、气候、水土和食物特点的体型外貌、生理气质和神经类型的"昆明犬"。

从体质外貌来看，三个品系都各有各的特点。但是它们共同的特点是各部都比较匀称，四肢也比较平衡，体质非常健壮，姿态也很是端正，颜面比较宽大，鼻腔饱满，尾型长并且非常直。从神经系统上来看，反射性神经生理装置和分析综合，可以及时的感知来自体内外的各种物理和化学的性刺激，并且将它转换为神经信息至应答的反应。这种犬探求反射强，接受训练科目比较迅速，主动防御的反射性比较灵敏，有绝对的仇视心理，既凶猛又驯服，可以经受得住正确的刺激，兴奋与抑制能力很快就能产生平衡。鉴于上述的优点，结合了有关动物品种所具备的条件，我们认为这种犬是非常理想的。

二、品种之间训练的成绩进行比较

1982 年以来，经过训练、成绩达到结业水平的昆明犬、和德国牧羊犬各 20 头作为总成绩平均和单项成绩平均比较，（成绩分数统计，用算术叠加和算术法平均得出），对于统计数字结果，结合训练实践进行讨论分析之后作出结论。

1. 昆明犬通过"亲和"，可以很快地建立对训练员的依恋性。在进行基础科目训练当中，只要训练员掌握犬的行为原理，遵循训练的原则，运用规定的训练方法和正确的刺激手段，可以根据犬的具体情况，不会强求一致，应该灵活处理。犬进入训练之后，就可以迅速的产生口令、手令的条件反射，当训练转入新科目的时候，这种犬转换的很快，可以及时感受，及时对应，完整、规范地进行作业，也具备了很好的服从性，达到一令一动。德国牧羊犬在基础科目训练当中，可以及时的感受，但是对应就不普遍了，一部分犬可以达到目的，另一部分犬却很难达到或者是成绩比较低下。可以看出，昆明犬基础科目的平均成绩为为 95.09，而德国牧羊犬的成绩为 77.28 分，基础科目的各单项成绩的比较也说明了上述的结果。

2. 使用科目训练当中，训练鉴别科目：昆明犬通过培训可以很快的对各种鉴别的形式形成条件反射，达到作业兴奋自如，逐个物品嗅认非常仔细，认定反应比较明显，能力比较稳定；其次是作业能力的反复消退，虽然各种类型的犬都会普遍出现，这是一种正常的生理机能活动，但是比较起来，昆明犬就不容易出现，即便产生也能很快地改变。

德国牧羊犬在训练鉴别科目当中表现兴奋型的居多，不会细致逐个物品嗅认，尽管想办法调节它的神经活动，也只能进行一般的鉴别，需要进行能力复杂化，搞微弱气味的鉴别，成功率就会很不理想。从统计的成绩分析对比来看，可以证实上述结论：昆明犬鉴别平均的单项成绩为88.4分，德国牧羊犬是67.5分（昆明犬鉴别的总成绩平均分是88.4分，德国牧羊犬鉴别的总成绩平均分是65.7分）。

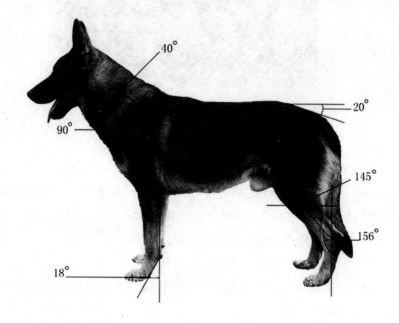

※昆明犬主要关节的角度

3. 训练追踪的科目：昆明犬通过训练，可以主动兴奋地根据迹线的气味去进行追踪，表现在低头嗅闻，认真地分化，把线踏实，不受各种或动（各种物体）或静（混淆气味）的因素干扰到。另一个特点是就是它的持久力比较强，适应性也很强，可以爬山越岭寻迹线，它的爬山速度与平地的速度一样正常和保持不变。而德国牧羊犬由于骨骼生理结构不同和附加体质的不适应而出现爬山感到吃力，下坡的时候又会抬头奔跑，通过村镇、碰到异物就会产生抑制，尤其是在天气炎热的时候，追踪达不到千米的时候就躺下不工作了，从这一点看昆明犬也比德国牧羊犬强得多。从统计追踪的总平均分也证实了上述的结论。昆明犬追踪的平均分是 95.09 分，德国的牧羊犬追踪的总平均分为 77.28 分。

※凶猛的昆明犬

三、总结训练得出以下的结论

综上所述可以得出的结论为：昆明犬是一种理想的、适合训练成军警用的品种犬，这种犬还具备了以下优点：

1. 兴奋性维持时间长且比较均衡。

2. 它的持久性和耐劳性比较高而且非常稳固。

3. 对环境适应性和应变的能力比较强。当然就是在昆明犬中也是存在着个体差异的。

从客观上来说，训练员仍然需坚持因犬制宜的原则，经过正确地训练才可以获得比较好的成绩。

昆明犬的上述优点是 30 多年来一直被保持下来，世世代代的相传，从毛色和骨骼上形成了区别于其他品种的独特的特点，并且这些性状遗传比较稳定。从训练方面看，这是一个值得开发的优良的品种犬。

◎ 缉毒

为了有效地遏制境内、境外的毒品犯罪的活动，近年来，在中国缅甸的边境的滇西德宏，又有一支"缉毒新军"加入了边境一线的缉毒的斗争当中，它们就是令毒贩闻风丧胆的缉毒犬。两年多来，它们协助了边防战士先后破获贩毒案件 26 起，抓获的犯罪嫌疑人有 28 人，缴获的毒品海洛因有 24580 多克、鸦片有 5320克。在缉毒犬的加入之下，与世界毒源地的"金三角"相毗邻的中缅德宏已经建立了一道

※缉毒犬在闻邮包

"人、科技、警犬"相互结合的缉毒的体系，构筑了一道贩毒分子不可逾越的边关铁壁。功勋犬"秀灵"的战绩比较辉煌，说起功勋犬"秀灵"，官兵自然就想起了与它共处 2 年的好"搭档"训导员马常东。

2007 年 7 月，出生在昆明的"秀灵"被分配到了江桥警犬的训练基地处，小马受到命令担负起了"秀灵"的训导任务。为了尽快与"秀灵"达到息息相通、默契配合的程度，小马每天拿自己来充当"猎物"，几次都被性格暴躁的"秀灵"摔倒在地上。随着时间的流逝，小马就掌握了"秀灵"的兴奋周期和它的性格特点，与"秀灵"灵性相通，培养出来了"秀灵"独特的识毒辨毒能力。2004 年 4 月 19 日下午，"秀灵"在小马的带领之下奉命出击，对一辆瑞丽开往昆明的可疑车辆进行实施检查。"秀灵"按照自己的查缉方式，从前到后一一地搜嗅，当"秀灵"闻到 11 号座位底下的一个手提箱的时候，突然向小马发出吠叫的报警。小马根据"秀灵"的示意，对手提箱实施了重点检查。立在一旁的"秀灵"用敏锐的眼光警示着小马的查缉，见到小马从手提箱的底部的夹层里面取出海洛因 577 克的时候，又箭一般地冲向车厢的后部的 20 号的座位底下的另一个红色旅行箱，同样发出了"警号"。不一会儿，小马又从旅行箱里面取出了海洛因 603 克。这个时候"秀灵"将目光转向了两名心中有"鬼"的旅客，两名犯罪嫌疑人看见"秀灵"那双炯炯有神的目光时，吓得从床上滚了下来，向小马主动承认了贩毒的犯罪事实。两年来，在小马的带领下，"秀灵"先后破获贩毒案件 6 起，抓获毒贩 7 名，缴获的毒品 4260 克。

大将军"黑虎"智救主人。"黑虎"的个头高大威猛，多次在设伏堵卡中勇擒毒贩，它不但有神奇的灵性，更是一名缉毒战将，官兵称之它为"大将军"。说起"黑虎"，官兵们都会想起它"智"救主人何富的故事。一天，负责训练"黑虎"的训导员何富将它带到野外训练的时候，不小心将腿扭伤了，躺在地上动弹不得。聪明并且富有人性的"黑虎"看见"主人"摔伤，冲回基地在主任曾武才的办公室直吠叫。见到"黑虎"狂吠不止，曾主任一边叫小何一边命令"黑虎"停止吠叫。"黑虎"不但没有停止它的吠叫，反而一口咬住曾主任的衣服向外拖。没听见小何的回答，曾主任这才明白，有可能是小何出事了。在"黑虎"的引领之下，曾主任和几名官兵找到了受伤的小何，并且将小何及时地送进了医院。又一个夜晚，"黑虎"在小何的带领之下，在陇川至盈江的章盈公路 47 千米外设伏堵卡。零时 10 分的时候，一名男子驾驶着一辆摩托车从户撒方向过来。看到正在设伏堵卡的边防官兵，这名男子加大的油门快速地冲过来，想要强行的冲卡。小何立即向"黑虎"发出了命令，"黑虎"箭一般地向飞驰的摩托车追去，没出 500 米远，"黑虎"一个纵身扑上驾驶摩托车的男子，将这名男子摔倒在地，直到小何追赶到叫"停"才松口，眼睛死死地盯着那名男子的腹部直吠叫，没有等到小何来得及检查，"黑虎"冲上前就将那名男子的衣服撕破了，当场就从这名男子的腹部查获海洛因 1500 克。在一年多时间里，"黑虎"先后协助边防战士破获的毒品案件共 5 起，勇擒毒犯有 6 人，缴获的毒品海洛因有 2860 克。

小不点"丽莎"年幼功高，它是训练基地中最年轻的一个"小妹"，在"兄弟姐妹"中它的个头是最小的，官兵们因此都叫它"小不点"。"丽莎"在训导员罗祥彬的驯养之下，在入伍一年多的时间里，协助边防战士破获 2 起人"货"分离的贩毒案，2 起人体藏毒案，抓获的毒贩有 6 名，缴获的海洛因有 1128 克．它特有的敏锐嗅觉让人体藏毒者们心惊胆寒。一次，瑞丽江桥站的官兵在一辆由瑞丽开往昆明的卧铺车上查获了一起人货分离的贩毒案，从两个行李包里面查获的海洛因 369 克。对车上旅客询问的时候，车上没有旅客承认那两个行李包是自己的。为了查找毒贩，领导命令小罗带"丽莎"搜嗅，查找出混藏在几十名旅客中的犯罪嫌疑人。"丽莎"在小罗的带领之下，首先对两个藏有毒品的旅行包的衣物进行了仔细嗅闻，突然，"丽莎"掉转头直冲向坐在18排座位的男子代某的面前，戛然止步，猛烈地向其吠叫。经过对代某询问，代某承认了藏有毒品的旅行包是自己丢放的。可是万万没让代某想到的是自己竟然栽在了一条狗的身上。

▶ 知识链接

　　昆明犬是我国唯一拥有知识产权的品种，原来的产地是云南。昆明犬虽然还没有得到世界上公认的犬种的认可，但是昆明犬已经名扬世界军警界了，并输出东南亚等多个国家。

‖拓展思考‖

1. 昆明犬训练的历史是什么？

2. 你知道昆明犬的特点吗？

3. 你对昆明犬的印象是什么？

黄狐的故事

Huang Hu De Gu Shi

※眺望的军犬

让我们来讲个军犬的故事：军犬黄狐曾经立过 1 次二等功和 2 次三等功，可谓是战功赫赫，但是按部队的规定必须退役。说实话，它有一百个不愿意退役。因为黄狐知道自己已经 13 岁了，并且依旧充满了战斗力，充满了为大局着想的意识，充满了无所畏惧的精神毅力。但是黄狐被遣送到了一个离哨所不是很远地方的营部逸享天年，并且也有新的警犬来接替它的岗位。

梭达哨所阵地上，毅然挺立着两排头戴钢盔并且全副武装的士兵。在对面 7 步之远的地方的磨盘上面，蹲着一条名叫"黄狐"的军犬。虽然它的鼻子和唇吻之间稀疏的长毛已经变得秃尽，并且也露出了几分衰老的样子，但是从它细腹宽胸的身材，发达饱满的肌肉，肩胛上那道显眼的伤疤和短了一小截的右前爪中，还是能够看到在它年轻时候威武勇猛的风采样子。

黄狐的主人是贾排长，他将 1 枚二等功勋章和 2 枚三等功勋章挂在了黄狐的脖颈上面。镀金的勋章在阳光的照耀下闪闪的发光，紫红的绸带缠在了它金黄的皮毛之间，显得非常的耀眼。哨所最高指挥官宋连长笔直地站在它面前，并且大声的宣读纸上的命令："梭达哨所军犬，编号 08431，1979 年服役，在对越自卫反击作战中屡建战功，现在因为超龄和身体伤残严重，命令其退出现役。"宋副连长的话音刚刚落下，队列里的士兵就热烈地鼓起了掌声。这时候可怜的黄狐并不知道在正面临着退役。它虽然非常聪明，但是还是听不懂人类这些复杂的语言。这时，它瞅着这异常庄严的场面，还以为是哨所要带它去执行什么重大的战斗任务呢。黄狐兴奋得昂着头颅，挺着胸脯，并且做出雄赳赳的临战姿态。"举前爪"贾排长命令黄狐道。这时它立即执行命令，由宋副连长带头，40多名军人就依次跟黄狐握手告别。梭达哨所对面，乃是我国最神圣的领土者阴山，那个时候还被越南侵占着。越南军队时不时地进行开炮，弹头摩擦着空气伴着尖啸声发出，炮弹落地的爆炸声，弹片飞进时候所发出的咝咝声，仿佛就像是奏起了战场的交响曲，为了这个隆重的军犬退役仪式助兴喝彩。当吃饭时，黄狐才感觉到事情有些不妙。平时进餐的时候，主人从来都不让黄狐吃得太饱，太饱了不仅影响它冲击和扑咬的速度，还会麻木它的嗅觉神经和听觉神经。要知道灵敏的嗅觉和听觉，对一条军犬来说是多么重要，尤其是在战争环境之下，每时每刻都要防备越南军队的突然袭击。黄狐完全谅解主人的一片苦心，总是吃到七成饱的时候，就自觉停止进食。可是今天的午餐很特殊，一整只烧鸡，大半盆的排骨，还有2大碗米饭，香喷喷热腾腾，非常的诱人可口，贾排长还一个劲地给它添菜，这时候它吃得肚皮都涨成球形了，宋副连长还是硬把一只鸡大腿塞进它的嘴里。今天实在是太反常了。下午，贾排长牵着黄狐越过一道山梁，当来到营部的时候，就把它交给一位笑容可掬的胖厨师，黄狐心里感到非常不安。

当贾排长和黄狐告别时，一次又一次的用宽大的手掌抚摸它的脊背，捋顺它的毛，并且还把自己的脸颊依偎在它的鼻子上面，抱着它亲近了好久。这时候一串泪水从主人的睫毛间滴落了下来，弄湿了它鼻子间的茸毛，有的流进了它的嘴唇上。这时候黄狐想，眼泪原来是热的，并且还伴有咸味。它不明白主人为什么要流泪，最近什么伤心的事情也没有发生呀。就在4个月之前，在一次伏击战中，它的右前爪被越军手榴弹炸掉了一小截，那时候露出了白色的骨头，在给它包扎伤口的时候贾排长眼眶里虽然蒙上了一层晶莹的泪花，但是依然没有流出来。它知道，男儿有泪不轻弹，男人是不容易流下眼泪的，特别是军人更是不会轻易掉泪的。但是此刻，贾排长却像是个多愁善感的女人一样，泪儿像断了线的珍珠，啪哒啪哒往下面一直落。这时候它非常纳闷，它在营部等了7天，贾排长还是没来接它回去。它这才明白，原来是自己已经退役了。它明白了退役是怎么回事，过去它在团部看见过一条名叫阿丘的退役军犬，整天就是吃了睡，睡了就继续吃，养得肥头肥脑，不久之后就成了一条行动笨拙，并且反应迟钝，又老又胖又丑的草狗。军人都在忙自己的事情，根本就没有人理睬阿丘。阿丘只能够和一帮拖鼻涕的小娃娃为伍，为了赢得孩子一声欢笑，讨得孩子手中的一块糖果，阿丘就睡使劲地摇尾巴，献媚地汪汪叫，还愿意在烂泥地里打滚。这根本就不是军犬，而是一条哈巴狗。贾排长为啥要抛弃它呢？它做错过什么事吗？没有。它哪一次没执行命令吗？没有。它的右前爪虽然短了一截，但是这并不能影响它进行扑咬冲击。它13岁了，虽然年龄稍微偏大，但是还能够在草丛中间闻出陌生人路过遗留下来的气味，能够准确地跟踪追击。它是一条顶呱呱的军犬，连上次到梭达哨所来视察的军分区司令员都当面称赞过它。所以它要回梭达哨所去看个究竟。它只能够悄悄地潜回哨所，因为主人命令它必须待在营部，如果回去的话就是违纪的行为。从它在军犬学校接受训练开始，整整12个年头了，它还是第一次违反主人神圣的命令。它非常聪明，挑了正午时间回哨所。除了岗楼上有个哨兵之外，其他的人都钻在猫耳洞里。在阵地中，只有知了在枯燥地喊叫着。

在阵地的左侧那片小树林里面，有一幢结构非常精巧的矮房子，钢筋编织的墙，石棉瓦铺的顶，并且漆成了漂亮的草绿色，这就是它睡了8年的狗房。它悄悄避开哨兵的视线，匍匐接近狗房中。突然，它闻到了一股陌生的气味，那是一种从同类身上所散发出来的味道。"汪！"从狗房里面传来了一声非常低沉的吠叫声。黄狐仔细一看，原来是狗房里面关着一条新来的军犬，浑身皮毛都是黑得发亮，眉心之间有块非常显眼的白斑。黑狗脖颈上套着一条黄皮带，铜圈闪闪发光。它非常熟悉这副皮带圈，这是用水牛皮所做成的，柔软并且坚挺，浸透了硝烟和战火，有一股使军犬非常着迷的气味，当套上之后就会使军犬变得更加威风凛凛。它异常嫉妒地望着这副皮带圈，滴下了口涎。"呜——"黑狗就趴在铁栏杆上面，朝着黄狐龇牙咧嘴地低吼着，这是在警告黄狐不要来侵犯它的领地。

这时候黄狐非常愤怒地竖直尾巴。心想：原来是你这条卑鄙的黑狗，侵犯了我神圣的岗位，这是我的宫殿。它现在明白了主人为什么要抛弃它，原来是这条黑狗顶替了它的位置，抢走了主人对它的宠爱。它把自己所有的委屈全部迁怒到黑狗的身上，复仇的火焰烧炙着它的整个身心。突然之间它就冲动起一股杀机。黑狗也用一种充满敌意的眼光傲视着它。然而，黄狐是一条久经沙场的军犬了，它懂得在搏杀的时候应该做些什么。它把胸脯贴在湿漉漉的冒着凉气的泥地上面，让心中的怒火冷却并且浓缩。它冷静地围着狗房一遍遍的兜着圈子，并且仔细地打量着自己的对手，比较着彼此之间的优劣，想要选择一种最佳的搏杀方式。黑狗比它年轻，也比它要高大的多，那隆起的肌腱，结实的胸脯，仿佛是在证明对方是一条强壮而凶悍的狗一样。黄狐的右前爪伤残了，如果要拼蛮力显然是很难赢对方的，只能够进行智取。对方年轻并且身体比较强壮，身上也没有任何的伤疤，眼角也没有任何的皱纹，是个初出茅庐的新手，并没有任何的实战经验；瞧这黑家伙显得多幼稚，隔着铁栏杆还朝它频频的扑击，不但撞疼了额头和爪子，还是一种徒劳地消耗掉精力和体力的笨拙行为。老练的军犬绝不会这样的虚张声势。那么看来，这个黑家伙确实很嫩，也很容易进行对付。黄狐看出了黑狗致命的弱点，它不慌不忙地用牙齿咬开铁门倒插着的铁销。黑狗蹿出铁门的时候就急急忙忙地朝它扑来，这时黄狐转身就跑。这儿离猫耳洞太过于近，如果撕咬起来的话就会惊醒主人。它要神不知鬼不觉地消灭掉黑狗。当它下了山坡之后，就钻进了深箐中，跑到了山谷里，再拐个弯就能够越出梭达哨所的地界了。但是在这个时候黑狗突然停止了追击，站在一棵被越军炮弹削成光头的大树面前，胜利地吠了两声。黑狗也是一条军犬，没有主人的命令是永远不会远离军营的。这儿虽然离哨所有一定的距离，但是山上山下，是一条条直线，站在哨所阵地上，如果用望远镜就可以看清峡谷里的一切。必须拐过峡谷。黄狐瞪着双眼，想着可以激怒对方的高招。黑狗也怒视着它，两条军犬面对面僵持着。突然，它把视线从黑狗身上转移开，就冲者黑狗的右后侧草丛之中惊叫了一声，仿佛草丛里面会蓦地蹿出一个怪物似的。黑狗果然上当了，就迅速的转过脑袋去瞧。就在对方走神的一瞬间，它敏捷地一跃，在黑狗的身上咬了一口，叼起一撮黑毛，转身就逃出了峡谷。黑狗被彻底的激怒了，就不顾一切地追出峡谷。这儿就是撕咬搏杀的最好地方，平坦开阔的草地便于进行回旋，更重要的是，山峰之中是道结实的屏障，能够挡住梭达哨所。黄狐完全可以放心大胆地收拾这条讨厌的黑狗。黑狗急于求胜，根本就没有把这条残废的老狗放在眼里，一开始的时候就频频进行进攻，两只黑前爪像鱼钩似的弯曲着，想要拼命勾住黄狐的脖子。但是黄狐躲闪着，周旋着，巧妙地避开对方的锋芒。

这个黑家伙果然是年轻，强壮，在长时间地进攻之后，仍然是气不喘力不衰。要是一般的草狗，这样扑腾一阵子之后，早就瘫成一团泥了。如果要是换成黄狐，恐怕也会精疲力竭了。但是黑狗却仍然能够跳得那么轻巧，并且扑得那么准确，要不是黄狐积累了10年的实战经验，那么黄狐绝对不是黑狗的对手。它以自己极大的耐心，来等待对方耗尽体力，然后进行反扑。

炽白的阳光变成了橘黄色，那些观战的小鸟都不耐烦地飞跑了。渐渐地，黑狗就显得体力不支，嘴角都泛着白沫，四爪也变得非常松软，连脚步也都不太稳了。黄狐想该是时候了，它在黑狗又一次腾跃而起的时候，不再进行扭身躲闪，而是微微向后退了一步，把身体尽量往后进行缩紧，让黑狗正好能够落在离它前爪一寸远的距离；还没有等对方落稳的时候，它就把7天以来所受的全部委屈，所有积蓄着的愤怒，全部都凝聚到这一扑上面。它把黑狗扑得横倒在地上，它结结实实地踩在黑狗的胸脯上面，牙齿已经触到黑狗柔软的肚皮了。只要使劲的一咬，那么对方的肚皮就会马上被咬出一个窟窿，狗血就会染红绿草，狗肚肠就会流一地。它的心里也涌起了一阵复仇的快感。它倔着脖子，准备狠命的咬下去。

就在这时候，"停！"背后突然传出了一个人的声音，多么耳熟的声音，它不用回头也知道，这是贾排长发出的命令。它条件反射似的缩回了牙齿，并且从黑狗的身上跳了下来，规规矩矩地蹲坐在一旁。贾排长满头大汗地跑来，扳起黑狗的前爪，并且仔细地检查了一遍。黑狗的肚皮明显被咬破一点皮，流了几滴的血。"畜生，你干的好事!"贾排长非常气愤的掂起那条用来牵狗用的皮带，恶狠狠地指着黄狐的鼻梁骂道："叫你在营部里面待着，你竟敢跑来捣乱!"他越骂越生气，就抡起手中的皮带，并且朝它抽来。皮带就像是条咝咝叫的蛇，噬咬着它的头，它的耳朵和脊背。它身上的黄毛被皮带一簇簇的咬了下来，在空中飞旋着。黄狐也不躲闪，纹丝不动地蹲着，任凭雨点似的皮带落在身上，黄狐是一条军犬，不管自己的主人怎么的惩罚它，它都必须没有怨言地接受。"滚!"贾排长一脚就踹在了黄狐的身上。黄狐就倒在了地上，赶紧又站起来并且在原来的位置上蹲好。"滚，滚回营部去，不准你再回来惹事!"这一次它听懂了主人的命令，夹紧尾巴，耷拉着脑袋，沿着山间小路朝着营部跑了回去。它只能够遵照主人的命令，在那间木板钉成的窝棚里面生活。窝棚里面铺着厚厚的一层稻草，弥漫着一股秋天的醉香。但是它却厌恶地把稻草全部都扒出窝去。军犬习惯于卧躺在坚硬的土地或者是冰冷的岩石上面。松软的稻草会把骨头睡得酥软，它情愿睡在有股霉味的水门汀上。如果要用草狗的标准来衡量，那么黄狐的生活算是优越的、幸福的。它是一条立过战功的军犬，所以人们对它总是很尊重，并且也很客气，从来都不叫它去干守门，或者是逮鸡、撵猪这一类杂事。它整天都很逍遥自在，如果愿意的话，完全可以睡到太阳当顶，也不会有人来骂它一声懒狗的。当初它在梭达哨所的时候，夜夜进行巡逻，天天有训练项目，并且还经常长途的奔袭，行军打仗，有的时候实在累极了，它就会幻想有那么一天，它能够蜷在草丛里面美美地睡上两天两夜，那样该有多好呢。当这种清闲的日子真正来临的时候，它发觉原来一点也没趣。它整日无事可干，吃饱了就开始闲逛，看看公鸡打架，看看耗子搬家，看鱼儿争食等等，简直是无聊透了。

它的那位新主人那位和蔼可亲的胖厨师，待它也是非常好，每餐都会给它端一大盆的饭，并且有好几根骨头，并且瞧着它吃，还会时不时地念叨："唔，你是功臣，多吃点，饱饱地吃，不够我再给你添。唔，怪可怜的，腿都打瘸了。你有权多吃的。"当它撑饱肚皮之后，胖厨师就会来亲昵地拍拍它的脑袋："玩儿去吧，溜达去吧。唔，好好养老。"每当有陌生人光临营部的时候，胖厨师就会跷起大拇指把它夸奖一番。

"唔，你们别瞧它瘸了一条腿，模样怪可怜的。唔，它曾经是条真正的好狗，活捉过两个越南兵。有一次越南特工来袭击梭达哨所的时候，幸亏是它发现得及时，要不是那样早就吃亏了。唔，这是一条真正的好狗。"它知道胖厨师对它的友好是发自内心的，但是黄狐还是不喜欢他。它不喜欢他油腻腻的手和甜蜜蜜的声调，它喜欢贾排长斩钉截铁的命令和粗暴的呵斥。营部乃是机关和家属所在地，有几个淘气的小男孩和毗邻的苗寨小朋友玩"打仗"。苗寨小朋友有 4 条草狗，声威很壮观。营部的小男孩就请它去帮他们"打仗"，但是它拒绝了。小朋友之间的"打仗"，再热闹也是一种也是游戏。它其实渴望的是真正的战斗。营部和梭达哨所隔着一座大山，当然也闻不到火药的味道，只是在夜深人静的时候依稀听得见炮声。它就改变生活习惯，白天睡觉，夜晚的时候耳朵贴着大地，专心谛听那惊心动魄的炮声。它非常思念哨所，并且思念那火热的战斗生活。这种安逸的日子不但没有使它发福，反而使它日渐的消瘦，肩胛骨耸都露出来了，金黄色的毛也失去了原有的光泽，衰老得就像是片枯黄的落叶。

黄狐又潜回了梭达哨所中。但是这一次，它并不是为了去找黑狗报复的，一顿皮带给它的教训就足够它记一辈子了。它只是想好好闻闻熟悉的硝烟味道，听听激烈的枪炮声音，然后看看梭达哨所的人，哪怕是只看看他们的影子也好。于是它就躲在阵地后面那片芭蕉林里面，从那里可以看清梭达哨所有的一切，而且又不容易被人们发现。贾排长刚好就在训练黑狗。当它看到主人在训练黑狗的时候，才知道怪不得主人要用黑狗来代替自己，原来是这黑家伙的体质非常的棒，跑起来就像是闪电，扑起来就像是飓风。并且这个黑家伙还很机灵，匍匐前进通过低矮的铁丝网的时候，姿势是那么的标准，动作又那么的轻捷，简直就像是条鳄鱼在贴地爬行一样。你瞧这个黑家伙的牙有多么尖利，在阳光下面白得耀眼，只要一口就能够把帆布假人咬开一个大洞。在几年前它黄狐也有这么一口好牙，可是岁月不饶人，当然也不会饶狗，现在它的牙齿已经变得泛黄了，也没有过去的时候那么结实了，有两颗大牙已经松动，要是换它来咬那个假人的话，恐怕就得折腾半天才咬得穿这厚厚的帆布。这个黑家伙在训练场上一个劲地腾越扑跳，那充沛的精力实在是

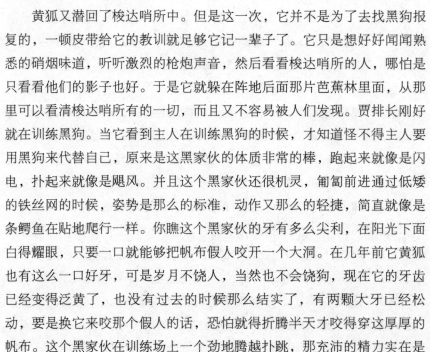

叫黄狐嫉妒，要是换做它的时候，扑几下就该蹲着喘口气了。

　　这个时候，黑狗开始做最高难度的训练科目了，就是要迅速的登上一丈多高的坎壕，扑咬敌方的机枪射手。只见黑狗非常轻捷地一跃，就像是条蚂蝗一样紧紧地贴在土壁的半腰，随后就要又一个上蹿，利索地翻上了壕沟。"漂亮！"黄狐忍不住在心中称赞道。它知道想要完成这套动作，功夫就在于4只利爪上面，要像铁钩般深深地嵌进土层之中；它年轻的时候也可以不费力地做到这一点的，但是现在却不行了，残废的右前爪根本就无法抓牢土壁，并且身体也无法保持平衡的状态，一跃上去就会迅速摔下来的。它现在才明白，对梭达哨所来说，黑狗的价值远远的要高过于它。要是坎壕里真的是个越军机枪掩体，那么它就没有办法进行跳跃，只能够眼睁睁地看着战士们流血；而黑狗就完全有可能建立奇功。现在它理解贾排长为什么那么用皮带狠狠揍它。它是彻底的服气了。黑狗扑咬敌方的机枪射手了。不好！黄狐差一点就汪汪的叫出声来；但是它还是把嘴拱进芭蕉树下潮湿的泥里，才克制住自己焦急的叫唤声音。黑狗扑击呈现梯形，从斜刺里往上进行扑，帆布做的假敌被它扑得仰面朝天，摔出去了很远，黑狗又继续一跳，咬住假敌的喉管。这是教科书中的标准动作，黑狗做得丝毫不差。但是，这一点是不行的，这样做在实战之中是要吃亏的！贾排长满意地抚摸着黑狗的脊背，并且把一块什么东西塞进黑狗的嘴里。它知道，那肯定是甜甜的糖果。主人，你也错了，其实你根本就没有看出来黑狗扑击的破绽来。这其中的奥秘也只有黄狐才知道。它是用血的代价才换来了这一实战经验的。

　　那是在对越南军队自卫反击战刚打响的时候，它也像黑狗那样，跃上敌坎壕。它也是按照军犬学校传授的规范动作，扑成了一个斜梯形。越南兵猝来不及防备，连人带枪摔倒在地上面。它立即就做了第二个起跳的动作，但是就在这个时候，越南兵机躺在地上扣动了扳机，那曳着白光的子弹，比狗的动作要迅速很多，它在半空之中，就感到肩胛一阵麻木。幸亏它没有跳到越南兵的上空，子弹没有打在要害的地方，使它还能够拼出最后一点力气，来咬断对方的喉管。不，应该公正地来说，幸亏越南兵是个惊慌失措的新兵，幸亏那冲锋枪弹匣里只剩下最后一颗子弹。如果对方是换成胡子拉碴的越南老兵，如果那冲锋枪弹匣里压满了子弹，那么不但它会变成一条死狗，而且它身后的十几个战士，包括贾排长在内，都将付出血的代价。于是它就从这血的教训中得出了一条宝贵的经验：不能够再进行斜梯形的扑击了。尽管会把对方扑得仰面朝天后，随即跳到对方身上，这两个动作之间只间歇短暂的 1 秒钟，甚至是不会超过 2 秒钟，但是战场上的时间是多么重要，根本就顾不得来思考。完全有可能就因为这短暂的 1、2 秒钟就会使我们转胜为败；因为敌人的子弹会在更短的时间之内从枪管里面喷射出来。

你必须要学会弧形攻击。是的，就是弧形攻击。弧形攻击是黄狐非常刻苦训练出来的绝招，把斜梯形扑击的这两个动作合并在一起，详细的说就是猛地扑跃到敌人的头顶上面，然后微微的形成一个十分漂亮的弧形，就像是一座山一样朝敌人压下去，那样就会倒在敌人的身上，在倒地的一瞬间咬住敌人的喉管。那么这样，就算对方是个胡子拉碴的老越南兵，在这种情况下也会变得毫无还手之力。在以后的战斗之中，黄狐就用弧形进行攻击，并且也消灭和捕获了好几名越南的士兵。黑狗受到了主人的嘉奖，并且洋洋得意地摇尾巴。但是黄狐想不能够这样，一定要纠正这个动作，否则就会在战场上坏事的！它仿佛已经看到黑狗倒在血泊中，贾排长也中弹倒地了，如果那样的话就太可怕了。它急得在芭蕉林里又蹿又跳，把好几片芭蕉叶都撕成了碎片，并且还发疯似的咬断 2 棵芭蕉。它必须要帮助黑狗纠正这个动作。它想立刻跑到阵地上去了，但是又害怕贾排长会误解。它无法用狗的语言来向人解释清楚内心的意思。黄狐悲哀地摇着头。它在芭蕉林里等了整整两天两夜，总算是把黑狗等来了。这个年轻的家伙贪玩，黄昏的时候竟然违反了纪律，悄悄地溜到了山上来逮野兔子。它从一棵野芭蕉背后突然闪出身来，并且拦住了黑狗的路。它友好地摆着尾巴，但是黑狗却是充满了敌意地瞪着它，并且龇牙咧嘴，准备与它随时进行撕咬。它使劲把尾巴摇得像朵花似的，也躲到了一边。但是黑狗却把黄狐看成了敌人，就像看到了冤家一样。"汪！呜!"从黑狗的喉咙里发出威胁的声音，并且朝它逼来。这时候黄狐急中生智，朝一棵芭蕉上扑去，顿时扑出了个漂亮的弧形，茁壮的芭蕉树哗啦的一声就别扑倒了。在芭蕉树砰然倒地的一瞬间，它一口咬下吊在芭蕉叶间那朵紫红色的硕大的花蕾，并且衔在嘴里，朝黑狗摆晃它做了个示范动作，其实它是想让黑狗跟着学。可是，黑狗并不理解似的，非但没有跟着一块学，反而是朝它扑来了。它脑子豁然的一亮，既然黑狗把它作为敌人，那么就让黑狗把它来当做实验品吧，在它身上能够学会弧形的扑咬。它不再开始躲避，而是直立起来迎击黑狗的扑击。梯形扑击冲力非常大，把它撞出了一丈多远的距离，但是就在黑狗做第二个跳的动作的一秒钟间歇里，它就地一滚，很轻易地就避开了。这样的动作反复了十几次，黑狗渐渐领悟到自己的扑击技巧有毛病，这时候就显得异常的急躁，乱跳乱咬，该是时候了，黄狐觑了个空隙，扑出个漂亮的弧形，把黑狗仰面朝天压在了地上面，在倒地的一瞬间，轻轻在黑狗的喉咙地方咬了一下。

这样的动作又反复了十几次。黑狗终于看出它弧形扑击的优点了，也那样依照画葫芦学了起来，扑出一个个弧形，并且愤怒地向黄狐进行攻击。开始的时候，黑狗的动作显得非常别扭，不是扑得太高，弧形划得太大，就是松弛了扑击的力量，要么就是扑得过于低，行不成泰山压顶的气势。但是黑家伙非常的聪明，扑了几次之后，就非常熟练起来了，弧形越来越漂亮，落点也非常准确，有好几次都把黄狐四足朝天压在地上，如果不是黄狐早有防备的话，这时候肯定被咬穿肚皮了。黑狗越扑越来劲了，越扑越凶猛，这时候黄狐渐渐精疲力乏，并且头昏眼花。黑狗又一次把它扑倒在地上，它扭腰翻滚的动作明显慢了一点，胸部被黑狗叼走了一块肉，顿时鲜血淋漓。黄狐在心中想：好样的，扑得非常狠，动作到位。但是黄狐还是要忍住痛，继续迎战。

黑狗尝到了血腥的味道，这时候就变得野性十足，倏地跃起，结结实实地压在了黄狐的身上，使黄狐动弹不得，喀嚓一声，黄狐的左腿骨被黑狗咬断了。"汪汪！"黑狗欢呼的叫着。黄狐拖着受伤的左腿，低声哀嚎着，一瘸一拐的逃出了芭蕉林，并且钻进了灌木丛中。黑狗犹豫了一下，但是没有追上来。黄狐已经逃不快了，也失去了一定的反抗能力，要是此刻黑狗追上来的话，只需要再来个弧形扑击，就能够轻而易举地把它置于死地。这时候它是感激黑狗的宽仁。但是，它又非常痛恨黑狗的宽仁。当它逃进灌木林，舔着左腿上的伤口时，这时回想起在战场上亲眼看见的一桩惨事：一条名叫柯柯的军犬，在咬断一个越南特工队员右手腕之后，突然就动了恻隐之心，并且没有立即把对方的左手腕也咬断，就造成了那个越南特工队员用左手从腰际拔出了匕首，捅进了柯柯的腹部中。在你死我活的厮杀中，没有任何的宽仁，宽仁是一种愚蠢行为，会造成流血牺牲。黑狗，既然你现在已经把我视作仇敌，那么你就应该往死里咬的。

绝对不能够让黑狗把这宽仁的习惯带到战场上面去。黄狐艰难地站了起来，咬着牙朝着芭蕉林走去。它是一条已经残废的退役的狗，何必再怜惜自己的生命呢。如果再去挑衅，进行逗引，就会激怒黑狗，那么对方肯定会把自己的喉管给咬断，那么就让对方在血腥的拼杀中养成坚决果断的战斗作风。而毫无疑问的是，黄狐的生命也会在黑狗尖利的犬牙上熄灭，黄狐觉得这样的死法，总比自己吃了睡，睡了吃，最后老死在木板棚里要强的多。自己是条军犬，还在军犬学校受训的时候就已经养成了这样一种信念：一条军犬最好的归宿，就是倒在血泊中。芭蕉林里静悄悄的，黑狗也早已经回到哨所去了。暮霭沉沉的，并且能够瞧见半空中流萤的光彩了。黄狐蜷伏在芭蕉树下面，决心等待黑狗的再次出现，哪怕是等上十天半月，它也依然不会退缩。

隆隆的炮声响起，把蜷缩在芭蕉林里面的黄狐从昏睡之中惊醒，当黄狐睁眼一看的时候，谷地上空划亮了一道道炽白的弹道，在夜间变得五光十色。山谷的对面阴山上面，火光闪烁着，一片通红的景象，越南的地堡，鹿岩和铁蒺藜飞上了天。紧接着，像爆豆似的枪声和粗犷的呐喊声也响了起来。我军收复神圣领土者阴山的战斗已经打响了。它本能地挺立了起来。枪炮声就像是命令一样，黄狐毫不由犹豫地要冲上去，一迈步，左腿就疼得钻心。于是它就用三条腿一颠一颠的小跑着。梭达哨所已经不见人影，黄狐东闻闻，西嗅嗅，那种熟悉的气味已经在山谷的下面了。黄狐就拼命地追了上去，越过泉流，穿过山谷，它终于在通向者阴山越军阵地的半山坡上追上了梭达哨所的战士们。并且借着燃烧的火光，看见了他们都聚在一块巨大的磐石的后面，前面是一片开阔地，山中的山茅草长着齐腰深。这时候它看到贾排长牵着黑狗，就蹲在宋副连长的身边。

宋副连长挥挥手："上！"这时候大个子杨班长就率先跃出了磐石，

在他的身后有五六个战士跟着。他们刚冲出去几步就突然发出轰轰的两声，在他们的脚底下面闪起两团红光来，而先前的四个战士都倒了下去。"妈的，又是雷区！"宋副连长咬牙切齿地骂了一句，扭脸问道："还有别的路吗？""没有。"贾排长回答道，"两边都是峭壁，只有这里这一条路可以走了。""嘿！"宋副连长一拳击在磐石上面。"不行，我去试试吧。"贾排长把牵着黑狗的皮带塞给了宋副连长，刚要迈步步子的时候，黑狗突然一口叼住了他的裤腿，死也不肯松口。"怎么啦？"贾排长回身拍拍黑狗的脑袋。只见黑狗狂吠两声，朝着开阔地跳跃着一直蹦跶着，并且想要竭力的挣脱皮带。黄狐能够明白黑狗的意思，黑狗只是想去替主人试探雷，黑狗不愧是一条军犬，军犬就应该在危急的关头用自己的生命来保护自己主人的生命。"我舍不得它去。"贾排长说道。宋副连长也是一阵沉默，用着嘶哑的嗓门说："为了胜利。"贾排长就解开了黑狗头颈上的皮带圈，并且恋恋不舍地搂着黑狗的脑袋，用宽大的手掌将顺黑狗脊背上的毛，黑狗的后腿微微的曲，前腿后蹲，已经做好了快速冲击的一切准备。

这时候黄狐看到黑狗眉心中那块白斑，显得那么白，那么的亮，就像是天上的那轮满月。说那时迟，那时快，黄狐就突然从磐石后面窜了出来，并且长嚎了一声，直接越过了黑狗，越过了贾排长，冲向了雷区的地方。黄狐拖着那条受伤的左腿，一瘸一拐的在山茅草里踏行着。黄狐的心中只有一个强烈的念头就是：自己不能够失去最后一个为主人报效的机会。"黄狐！"贾排长顿时惊叫了起来。"汪！"黑狗也动情地叫了一声。但是黄狐并没有回头，只是拼命的朝前冲去。它知道地雷是怎么回事，那些绊雷，踏雷，子母雷都是躲在地下的一些小妖怪，并且能够把一切路过的生命都吃掉。黄狐也知道，不管自己冲击的速度有多么的快，还是比不上那些活蹦乱跳的弹片。它死了没有什么可惜的，自己都已经这么老了，也残废了。如果让黑狗活下去，黑狗一定会比它强，并且作用也比它大。

它能够感觉到身体绊着了一根根细细的铁丝；它也能够感觉到爪子不时会踏进凹陷的土坑中；它也能够感觉到大地掀起猛烈的气浪；它能够感觉到爆炸声震破了耳膜；它感觉到浓烈的硝烟堵塞了鼻孔；感觉到

肌肉被弹片撕裂，骨头被弹片切碎；它能够感觉到身体周围闪耀起一团团的火光；它感觉到自己浑身都被肢解开了，并且自己的血已经快流干了。但是它突然就产生了一种奇异的快感，作为一只军犬，自己能够死在战场上感到非常骄傲。它拼命地往前冲啊冲，它想在死之前，能够多踏响几颗雷，能够开辟出一条战士冲锋陷阵的安全通道。当它倒在开阔地的尽头的时候。一只宽大的手掌，在抚顺它脊背上的毛。它想要伸出舌头去舔舔那只熟悉的手掌，但是已经没有力气了。还有那条黑狗，它还没有来得及教会它在战场上千万不能够宽仁，它还无法去教。但是希望黑狗自己在实战中能够学会。黑狗是条聪明的军犬，一定能够学会的，它相信黑狗。它舒畅地吐出最后一口血沫。嘹亮的冲锋号响了。

知识窗

　　黄狐这篇故事其实是写越南的战争，被称为越自卫反击战，又称中越战争，具体是指 1979 年 2 月 17 日～1979 年 3 月 16 日中国越南两国在越南北部边境爆发的战争。广义的中越战争，就是指在 1979 年到 1989 年的时候近十年间的中越边境军事的冲突。包括阿紫 1979 年中越边境自卫的还击作战，在 1981 年中国收复扣林山、法卡山之战，1984 年收复老山、者阴山、八里河东山之战，对越拔点作战，两山轮战，对越坚守防御作战等。

拓展思考

1. 贾排长为什么要打黄狐？

2. 作者写的是什么时候事情？

3. 黑狗的内心独白是什么？

动

第三章

物在军事中的作用——变色龙

DONGWUZAIJUNSHIZHONGDEZUOYONG——BIANSELONG

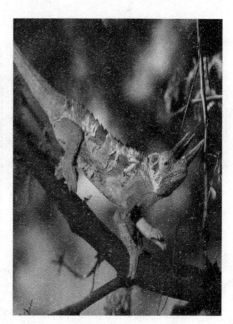

　　你见过变色龙吗？你知道变色龙有哪些特征吗？变色龙主要分布在非洲的地区，极少部分在亚洲和欧洲的南部，非洲马达加斯加岛则是变色龙的天堂。美国纽约国家自然历史博物馆爬虫动物学副馆长克里斯多佛·拉克斯沃斯是目前全球资深变色龙的研究专家，他曾经发现几个新种类的蜥蜴，并且还积极的呼吁国际组织保护马达加斯加岛变色龙的栖息地，这样可以保护变色龙。

变色龙的简介

Bian Se Long De Jian Jie

变色龙是一种爬行动物，并且是一种非常奇特的动物，想要知道它奇特在哪里吗？它基本上在树栖生活。变色龙的体长大约为 15～25 厘米，身体侧扁，背部有脊椎，头上的枕部有钝三角形的突起。四肢非常的长，指和趾合并且分为相对的两组，前肢前三指形成内组，四、五指形成外组；

※变色龙

后肢一、二趾形成内组，奇特三趾形成外组，这样的特征非常适于握住树枝。它的尾巴非常长，能够缠卷树枝。它有非常长并且也很灵敏的舌头，伸出来的时候要超过它的体长，舌尖上有腺体，能够分泌大量黏液粘住昆虫。它一双眼睛也非常的奇特，眼帘显得很厚，呈现环形，两只眼球十分的突出，左右 180°，上下左右形成转动自如，左右眼也可以单独的进行活动，不协调一致，而这种现象在动物中也是非常罕见的。双眼各自分工前后注视，既有利于捕捉食物，又能够及时的发现后面的敌害。变色龙用长舌捕食是闪电式的，仅仅需要 1/25 秒就可以完成连贯性动作，而且它们舌头的长度是自己身体的 2 倍。更有趣的就是它们在树上一走一停的动作使它们的天敌误以为是被风吹动的树叶。

变色龙长度一般为 15～25 厘米，最长的高达 60 厘米左右。身体呈长筒状，两侧稍微扁平，头呈三角形，尾部经常卷曲。眼睛凸出，两眼可以独立地转动。某些种的头呈盔形，有的种类有显目的头饰，比如 3 个向前方伸出的长角等，雄性者则更为显著，可能是用于防卫其占区

吧。如果有其他雄性侵入的时候，它就会使身体伸展，喉部就会鼓起，头部毛竖立起或者是晃动，如果不能吓走对方的话，就冲过去咬其腭部。各种变色龙的体色都会发生不同的变化，其变色机制是：植物神经系统控制含有色素颗粒的细胞（黑素细胞），扩散或者是集中细胞内的色素。许多种类都能够变成绿色、黄色、米色或者是深棕色的，经常带浅色或者深色的斑点。颜色的变化就决定于环境的因素，就像光线、温度以及情绪（惊吓、胜利和失败）。人们普遍认为，变色龙变色是为了能够与周围的环境颜色保持一致，这其实是一种误解。主要是为了能够吃昆虫，大型种类则为食鸟类。大多数变色龙种类为卵生，一般产卵2～40枚，卵埋在土里或者是腐烂的木头里面，孵化期大约为3个月。南非就有几个种类为卵胎生。

变色龙又一个名字为避役，"役"在我国文字中的意思为"需要出力的事"而避役的意思也就是说，可以不出力气就能够吃到食物。所以就被命名为避役。俗称变色龙就是因为它们善于随着环境的变化，可以随时改变本身的颜色。变色既有利于隐藏自己，又利于捕捉猎物。变色这种生理变化，是在植物性神经系统的调控之下，通过皮肤里的色素细胞的扩展或者是收缩来完成的。

分布

拉克斯沃斯通过对变色龙生活习性的深入研究指出，当变色龙变换体色的时候，还有一个功能是进行通信传达的信息，这一点在以前的研究之中也是从没有发现过的。变色龙的种类大约有160种，主要分布在非洲大陆和马达加斯加岛，其中在马达加斯加居住的种类就占一半左右，在马达加斯加这个世界最大也是比较独特的变色龙地区中，有59个种类是马达加斯加所独有的。目前人们还在不断发现新的种类，或者是根据基因的分析，将被错分为亚种的变色龙定义为一种独立的分类。

变色现象

变色龙的皮肤会随着背景的变化、温度的变化和心情而有所改变；雄性变色龙会将暗黑的保护色逐渐变成明亮的颜色，这样以警告其他变色龙离开自己的领地范围；有些变色龙还会由绿色变成红色来威吓敌人。其目的就是为了保护自己，以免受到袭击，使自己能够生存下来。

※变色龙

变色不仅有利于躲避天敌，并且还可以传情达意，就像人类一样的语言。变色龙是一种"善变"的树栖爬行类动物，在自然界之中它当之无愧是一种"伪装高手"，为了能够逃避天敌的侵犯和接近自己的猎物，这种爬行动物经常会在人们不经意中改变自己身体的颜色，然后一动不动地在将自己融入到周围的环境之中。

◎变色龙

根据《美国国家地理杂志》指出，动物学专家的最新发现，变色龙变换体色并不仅仅是为了能够伪装，体色变换的另一个重要作用是能够

实现变色龙之间有效的传递信息，便于和同伴进行沟通，这就相当于人类的语言一样，可以表达自己想要表达的意思。拉克斯沃斯发现变色龙之间的信息传递和表达是通过变换体色来完成的，它们经常在捍卫自己领地和拒绝求偶者的时候，会表现出不同的体色。作者指出："为了显示自己对领地的统治权，雄性变色龙对向侵犯领地的同类进行示威，体色也会相应的呈现出明亮的颜色；当遇到自己不喜欢的求偶者的时候，雌性变色龙会就会表示拒绝，颜色就会随之变成暗淡，并且显现出闪动

的红色斑点；除此之外，当变色龙想要挑起争端、发动攻击的时候，体色就会变得很暗。"

变色龙是一种非常冷血的动物，所以在饲养的过程中它与热带鱼有非常相似的地方：温度条件一定要比较高。通常日间温度应该保持在28℃～32℃，夜间温度可以保持在22℃～26℃。如果长期处于低温状态，变色龙就会食欲降低从而导致生长减缓，甚至还会影响身体的健康状况。变色龙的主要食物就是昆虫，多数变色龙会对单一食物产生厌食的状况，有的时候就会拒绝进食一直到死亡。

知识链接

变色龙变色其实取决于皮肤三层色素的细胞。与其他爬行类动物是不一样的，变色龙能够变换体色完全取决于皮肤表层内的色素细胞，而且在这些色素细胞中充满着不一样颜色的色素。纽约康奈尔大学生物系的安德森对变色龙的"变色原理"进行了详细的解释：在变色龙的表面皮肤有三层色素的细胞，最深层的一层就是由载黑素细胞所构成的，其中细胞带有的黑色素可以与上一层细胞进行相互的交融；中间层是由鸟嘌呤细胞所构成的，它主要是为了调控暗蓝色素；最外层细胞则主要是黄色素和红色素。安德森说，"基于神经学调控的机制，色素细胞在神经的刺激之下会使色素在各层之间进行交融的变换，并且实现变色龙身体颜色的多种变化。"变色龙原本是产于非洲，依据它们的生活习性，饲养者最好是用放有树枝的饲养箱给变色龙安置一个小家，同时，尽量保证有自然的日光照射，理想条件就是每天日照30分钟，最佳日照的时间在早上和餐前的时候，在自然光线之下，变色龙的颜色就会更加明亮，色泽比较鲜明。

拓展思考

1. 变色龙的特征是什么？

2. 你知道变色龙为什么会变色吗？

3. 你知道变色龙的原产地在哪里吗？

从变色龙身上的启迪

Cong Bian Se Long Shen Shang De Qi Di

变色龙的本领让不少军事家和材料科学家羡慕不已，他们都想要知道变色龙是怎样才练就这一身本领的。经研究发现，变色龙的真皮内有多种色素细胞，它通过身体的伸缩而使表皮色素细胞发生一些变化，从而变出多种不一样的颜色。

※隐形材料

学过生物课的人都知道，有一种叫做避役的爬行动物，体长大概 25 厘米左右，但是它的本事并不小，能伸出比身体还长的舌头以捕捉昆虫；它的绝招就是能够随时的伸缩身体，并且改变皮肤的颜色，使身体的颜色和周围的环境（如树木花草等）的颜色相一致，这样就达到隐蔽自己的目的。避役的这种善于变色的特殊本领使它获得了"变色龙"的称号。

※材料

美国的国防部为了对付苏联的侦察卫星对美国部队和军事装备的侦察，在 20 世纪 60～70 年代研制出了一种变色龙式的隐形材料，并且把它涂在各种武器上面。而这种新型隐形材料可以随着周围的环境而变换不同的颜色；在草地上它会变成草绿色，在沙漠地区则变成沙子的黄褐色，从而与周围的环境融为一体，这样就使照相侦察卫星难以分辨这些地面武器的真假。

进入 20 世纪 80 年代，冷战气氛逐渐缓和了下来，一些材料科学家，尤其是日本的纺织业，为了抢占世界的服装市场，别出心裁的研究变色服装。这种服装受到喜欢寻求刺激的男女青年的热烈欢迎。1989 年，日本东邦人造纤维公司就研制出了一种叫做"丝为伊 UV"的变色衣服，这种衣服在室内穿的时候是一种颜色，但是到了室外，在阳光下一晒的话，它就会变成蓝色或者紫色。原来，这种衣服是用一种能够感受紫外线而改变颜色的有机纤维所制成的，只要太阳中的紫外线照到衣服上面，衣服的颜色就马上会发生变化。日本东邦人造纤维公司还制造了一种变色的游泳衣，穿上这种游泳衣的人在岸上是一种颜色，只要一跳进游泳池中就会变出红、蓝、绿等各种鲜艳的色彩。原来，这种衣服是用一种感温纤维所制成的，当周围的温度有所变化，它的颜色也会随之改变。感温变色游泳衣就是利用野外、室内、水中和海岸不同温度的变化而变换各种颜色的，它能给人一种美的感受和刺激。

1991 年在伦敦举行过一次别开生面的时装表演，女模特身着款式非常新颖的时装行走的时候，服装会不断的改变颜色。原来这是英国的材料科学家研制的一种液晶服装的面料，这种特别的面料在 28℃～33℃的范围之内会变换色彩。比如在 28℃的时候衣服会呈现出

红色，在 33℃的时候又会呈现黄色。模特在行走的时候，身体各部位

的体温会发生变化，衣服也就随之变换出各种迷人的颜色来。变色材料的用途在今后也将越来越广泛，现在有一种茶杯，当茶水温度不冷不热的时候，茶杯表面上会出现一种图案和文字，如"请您用茶，祝你健康"之类。这是因为，在这种茶杯的外面涂有一种感温变色材

※看到了什么？

料，一到适合饮茶的温度，它就显现出鲜艳醒目的颜色来提示你，请用茶吧！

▶ 知识链接

《美国国家地理杂志》指出，依据动物专家的最新发现，变色龙变换体色不仅是为了伪装，还为了传递信息，便于和同伴之间进行沟通，从这个意义上讲，变色龙变色就相当于人类的语言一样。

1890～1902年期间，英国对荷兰南非移民的后裔布尔人发动了战争。当时布尔人军队根本就不足英军的1/5，并且战争的环境是在丛林之中。开始的时候，英国军队还得了便宜，把许多布尔人俘虏了过来。但是不久之后，英国军队就开始频繁倒霉，经常受到布尔人的袭击。英国人寻找布尔人的时候却是十分的困难。后来英军才发现一个秘密，布尔人军队的服装都改变了，变成了一种黄绿色，跟丛林草地的色彩不相上下，这样就很难发现他们的行踪。可是英国军队还傻乎乎地穿着那种红色军服，目标显得很明显，所以总是受到布尔人军队的袭击。后来英国军队也像布尔人一样穿上了黄色、绿色的军装，才扭转了被动的局面。

拓展思考

1. 变色龙的绝招是什么？

2. 变色龙为什么动不动就变色呢？

3. 变色龙的主要食物是什么？

纳米材料制作隐形衣

Na Mi Cai Liao Zhi Zuo Yin Xing Yi

近几年开发出了一种新型的材料，可以在纳米尺度上让可见光弯曲，而且研制的这种新材料在纳米尺度上可以使三维空间之内的可见光的弯曲，也就是说，照射在这种材料上面的可见光不能够像正常情况下那样发生偏折，人眼也就无法"看到"它了。目前虽然只是在纳米尺度上实现了"隐形"的效果，但是从理论上来讲，同样的原理在正常尺度下也是能够实现的。所以，将来很有可能会出现用这种材料制成人类梦想的"隐形衣"。近几年以来，研究人员曾经合成

※可弯曲材料

※可弯曲材料

出类似于具有负折射率的一种"超级材料"，想要利用材料特殊的光学特性，使光能够弯曲。先前的研究成果都存在一定的局限性。比如说，有的只能够使微波（波长大约在1～1000毫米之间）光线进行弯曲，而

在这个波长范围之内的光线对人眼来说本来就是看不到的。有的则只能够使光线实现二维的弯曲，并不完全隐形。最新研制的这种"超级材料"在纳米尺度上也实现了可见光的三维弯曲。这种被看作是"超级材料"领域的一种突破性的进展。这一新材料可以用于开发"超级透镜"，能够让人们看清小到一个分子的极小目标。当然，人们最感兴趣的还是它拥有的"隐形"功能，这种隐形材料日后将在军事领域中有很大的用处。

◎ 元材料技术制作隐形衣

这种隐形罩就像在空间上开了一个小洞一样，在另一侧元材料的引导之下，所有的光和电磁波在这个区域之内都会不存在了，就像是隐形了一样。

"元材料"的技术，就是将聚合材料和微小的锡卷或者是金属丝进行混合，从而使电磁辐射的路径进行弯曲。元材料是一种非常有意思的物质，并且有许多控制它的方法。在近期内最新发表的研究论文中描述了如何使用元材料将周围物体的光路进行扭曲，从而达到隐身的目的。当然，科学家还需要解决更多的科学难题，例如：为了能够达到完全隐形的效果，通过被隐形的物体最近的光波必须以超过相对论的光速极限的方式进行偏转运作。非常幸运的是，爱因斯坦的理论认为平滑光脉冲可以经历这样的向变。隐形效果只是对特殊范围的波长有一定的作用，只能够在范围非常小的频率范围之内发挥有效的效果。隐形罩可以用于覆盖任何形状的物体，但是不能够飘动。移动的材料也会破坏其隐形的效果。元材料内部的微小结构要比弯曲的电磁射线波长还要小些。想研制出针对雷达的隐形材料还是比较容易进行的，因为只是毫米级。但是想要研制出针对视觉的隐形材料难度就稍微大些，其结构必须是纳米级别的。除此之外，科学家们还需要考虑的就是使潜艇和军舰一类更重的物体进行隐形。

◎ 反可见光技术制作隐形衣

这种隐形衣印有与大自然主色调保持一致的 6 种颜色所构成的一种

※可弯曲材料

变形图案。而这些图案是经过计算机对大量丛林、沙漠、岩石等复杂环境进行统计分析之后模拟出来的。这种色彩的种类、色调、亮度、对光谱的反射性能比较好，各种色彩的面积分布比例都是经过精确计算的，可以使着装者的轮廓产生变形的效果，从近距离上来看是明暗反差比较大的迷彩；在远距离进行观察的话，其细碎的图案与周围环境完全进行融合，即使是目标运动也不容易被发现。

◎反红外侦察技术制作隐形衣

反红外侦查技术隐形衣材料是把经过筛选的 6 种颜色作为染料，并且掺进特殊的化学物质之后所制成的。反红外侦察隐形衣与周围的自然景物反向的红外光波基本上是相似的，颜色效果也更接近于大自然的色彩环境，以此来迷惑敌人的视觉和干扰红外侦察器材，这样就使得实施近敌运动的隐形人不容易被发现，能够有效地提高作战的突然性。

◎化纤布制作隐形衣

化纤布制作的隐形衣是一种由光敏变色物质处理过之后的化纤布所制成的一种作战服饰，也可以用光敏染料染在普通的布料上制成。不管是在绿色的丛林、黄色的沙滩，还是蓝色的海洋，白雪皑皑的原野上，隐形衣都会根据其周围环境的变化而自动改变颜色，着装者很容易就能够接近袭击目标，并且不易暴露。美国科学家正在研制一种可以就像变色龙一样快速改变颜色的衣服，穿衣者只需要启动控制器，就能够让这种衣服的颜色变得和周围的环境基本上相似。

※你猜有人么

这种纤维之所以能够进行变色，是因为其化学键的电子能够从一系列的隐形波长中来吸收光线。电压变化之后，电子的能量水平就会被有所改变，可以吸收不同波长的光线，从而改变物料的颜色。用这种纤维所制成的衣服，穿着者能够根据自己的心情程度，通过启动一个微型的控制器，来调整自己服装的颜色。或者是，穿着者也可以将微型的控制器连接到摄影机中，像素也能够展示出穿着者四周景物的颜色，让衣服的颜色和四周的景物"合而为一"。其他研究这个领域的科学家们，研发出了一种电致变色聚合物膜，这样可以改变表面的颜色。这种膜因为适应耀眼的光，能够令窗格自动变得很暗，从而可以用来展示广告。

◎制作隐形帐篷

※ 隐形帐篷

除了研制、装备各种隐形衣之外，科学家们还在研制用于集体防护的一种隐形帐篷。千万不要小看这种帐篷，它在军队野战的时候能够发挥很大的作用。这种隐形帐篷是用一种非常特殊的材料制成，其顶部和围墙都采用一种隐形材料，支架和固定体都采用塑料或复合材料，外型就像是一个平台，它还能够有效地防敌雷达的探测，更好的保护作战人员以免受到弹片和轻武器的杀伤，并且具有防光的辐射、放射性沾染和化学武器的功能。总体上来讲，单兵隐形技术并不是作战人员的"人间蒸发"，而是利用光学、电磁的原理，使敌人的视觉、光学的侦察器材、红外侦察器材难以分辨。随着隐形技术和人员隐形装备的不断发展，穿着隐形衣的作战人员将出现在未来的战场之中，并且必将给传统的侦察设备带来全新的挑战，同时，这也必将推动隐形与反隐形之间的对抗技术的加速发展。

◎人造玻璃纤维技术制作隐形衣

中国东南大学研制出了一种"隐形衣"。这种新制作出来的隐形材料可以引导微波的"转向"，从而有效地避开仪器的探测，防止物

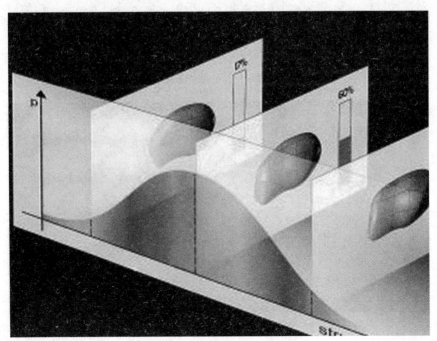

※ 材料

体被发现。与光和雷达波一样，微波探测到物体的原理是物体阻挡了微波通过的途径，使其产生了阴影，从而开始"显形"。这种敷在物体表面的材料，能够引着微波"绕着走"。这种"隐形衣"的外形和一条黄色的浴巾十分相似，由数以千计的类似人造玻璃纤维的"超材料"组成，这种新型材料可以"抓住"微波并且改变其方向。当微波射到披有隐形材料的物体上的时候，微波就会自动绕过去，从而起到了将物体隐形的作用。整个过程就像是水流经过一块圆滑的岩石而发生分流一样。

◎ "左手材料"技术制作隐形衣

隐形材料还有比"隐形衣"要重要、影响更深远的用途。这就是运用隐形材料做成的"完美透镜"——负折射透镜。"左手材料"和物理学中电磁波传播所遵循的"右手定律"背道而驰。举个例子来说，在自然界之中，光线折射遵循折射定律，总是沿正折射角方向折射，但是面对这种材料，光线将会沿负折射角方向折射，那么当到了另外一边的时候，就会形成"负折射"。负折射透镜就是让你看到别人看不到的东西。负折射透镜有望给生物学等科研领域带来重大变化，它对于研究病毒入侵细胞的机制、新药筛选等都会产生重大影响。

※材料

◎ "光学伪装" 技术制作隐形衣

在衣服的外边覆盖一层能够反光的小珠，衣服上还装有数个小型的摄像仪。当有人穿上这样的衣服之后，衣服的前面就会显示摄像仪拍下的背景影像，衣服的后面则会显示前景的影像，这样就会使穿着者与环境混为一体，从而达到了隐形的效果。虽然这件隐形衣还没有

※隐身衣

办法让穿着者进行完全的隐形，但是它表明科学家们的发明隐形衣距离已经是近在咫尺了。

※隐身衣

◎微型金属针制作隐形衣

你知道什么是微型金属针制作的隐形衣吗？这种隐形衣能够改变物

质的折射率。那些长短不一样的金属针以不同的角度安装在斗篷表面，使斗篷看起来就像是个呈圆锥体的发梳一样。这些金属针还可以把斗篷里面的反射率从 0 增加到 1，与斗篷外面的反射率基本保持平整。光线因为没有办法在斗篷的表面发生反射的现象，只能够绕过斗篷。这样一来，在斗篷覆盖下的任何物体都能够轻而易举地躲避人们的视线。虽然那些研究人员已经找到理论的支持，但是真正研制出"隐形斗篷"也并不是一件容易的事情，因为在技术上还将面临一个非常巨大的挑战：当前技术只能够一次改变一种波长范围内的可见光的方向，却不能同时改变全部范围内的可见光。如果研发的新型"隐形斗篷"成功的话，那将是首次做到使物体在可以见光范围内完全的隐形。

▶ 知识链接

隐形衣的关键技术就在于一种特殊人造的材料，这种材料能够有效地避开光线和物体周围其他形式的电磁辐射。人之所以能够看到物体，就是因为物体阻挡了光波通过。如果有一种材料能够引着被物体阻挡的光波"绕着走"，那么光线看起来没有受到任何的阻挡。从观察的角度来看，物体似乎就变得"不存在"了，同时也就实现了视觉的隐身。

目前的"隐身术"基本上可以分为两类：一种是利用材料的特殊晶格结构改变物体本身的折射率，让电磁波（可见光、微波与红外线）进行"拐弯"；另一种则是利用雷达吸波材料（RAM）吸收电磁波，这种技术主要就是针对波长比较短的微波，但是目前还没有扩展到可见光的领域。与基于 RAM 的隐形战机、战舰等有所不用的是，战地隐身衣要面对的不是敌方雷达的"电子眼"，而是那种实打实肉眼的观察现象，这在某种程度上更贴近要表达的隐身意义，但是在技术方面确实存在着一些困难。

▌拓展思考▐

1. "元材料"技术是将什么混合制成？
2. "微型金属针制作隐形衣"的材料是什么？
3. 你知道隐形帐篷吗？

动

物在军事中的作用——响尾蛇

第四章

DONGWUZAIJUNSHIZHONGDEZUOYONG——XIANGWEISHE

　　大自然给了我们很多的启示，其中有一种蛇它叫做响尾蛇，它有一双红外线的眼睛，人类通过这种蛇的眼睛，研制出了一种和响尾蛇一样的眼睛的导弹，它的名字叫做响尾蛇导弹，因为人类是仿照响尾蛇眼睛制造出来的导弹，所以就叫做响尾蛇导弹。

了解响尾蛇

Liao Jie Xiang Wei She

响尾蛇导弹和响尾蛇一样，可以用"热眼"准确无误的跟踪敌人位置，直到把敌人摧毁，才算完成这项任务。响尾蛇的"热眼"是根据敌人的温度来判断敌人的准确位置的。响尾蛇导弹都可以准确无误的命中飞机、战舰和坦克等。法国研制的机动式低空近程全天候地空导弹，主要是用于对付低空的超低空战斗机、武装直升机，以保卫机场和港口等要地，也可以用来对付巡航的导弹。导弹的长度为2.94米，直径为0.156米，重量为84.5千克，发射的筒的长度为3.02米。战斗部采用了破片的聚焦型，总的重量为13.9千克，杀伤半径是6～8米左

※凶猛的响尾蛇

右。动力装置是单级固体的火箭发动机，制导的方式为全程无线电指令制导，作战半径为 500～8500 米左右，作战高度是 50～3000 米之间。导弹具有半越野机动的能力。

响尾蛇是脊椎动物，属于爬行纲、蝰蛇科（响尾蛇科）。它是一种管牙类的毒蛇，蛇毒为血循毒。一般的响尾蛇身体的长度为 1.5～2 米左右。身体的颜色呈黄绿色，背部具有菱形的黑褐色的斑纹。尾部的末端还有一串角质环，这是多次蜕皮后的残存物，如果遇到敌人或者是急剧的活动的时候，响尾蛇就会迅速摆动它的尾部尾环，它的尾环每秒钟可以摆动 40～60 次左右，并长时间的发出响亮的声音，直到敌人不敢近前了，或者是被吓跑才停止，响尾蛇就因此而得名。响尾蛇的眼和鼻孔之间具有颊窝，这个部位就是热能的灵敏感受器，可以用来检测到周围敌人（温血动物）的准确位置。响尾蛇属于肉食性动物，喜欢吃鼠类和野兔，也食蜥蜴、小鸟和其他的蛇类。经常会有很多条的响尾蛇会聚集在一起进入冬眠。响尾蛇是卵胎生的，每次产仔的蛇的数量约为 8～15 条左右。响尾蛇主要分布于南、北美洲的地区。

阿鲁巴岛的响尾蛇头顶上的鳞片都是很小的。北美洲最常见的木纹响尾蛇（即为带状斑纹响尾蛇）是在美国的东部和中部地区的，美国西部几个州的西部菱斑响尾蛇以及草原响尾蛇和东部的菱斑响尾蛇、西部的两种响尾蛇中的体型是最大的。响尾蛇分布在加拿大至南美洲一带的干旱地区，身体长度的差距比较大，比如墨西哥的几种较小的种大约只有 30 厘米左右，而东部的菱斑响尾蛇大约可以达到 250 厘米左右。

响尾蛇的蛇毒的毒性是很强的，它的尾巴具有特殊的功能。响尾蛇的蛇尾具有一条条角质的环纹，这些角质的环纹膜围成了一个空腔，当它的尾巴晃动的时候，在空腔内就会产生气流，从而振动并发出声响。这种声响是用来警告敌人和引诱小动物的时候的一种捕食的方法。

蝰蛇科响尾蛇亚科大约是 30 种新大陆毒蛇的统称。它们的特征为尾部具有响环，摆动的时候会发出响声。它们的眼与鼻孔之间各有一个可以感受到热能的眼前窝，有助于捕捉猎物。响环是由疏松连接的角质环片组成的，它是一种警告器；响尾蛇的响环每次蜕皮的时候便会增加一节，成年的响尾蛇一般有 6～10 节左右。

◎响尾蛇的习性

大多数种类的响尾蛇都会捕食小型的动物，主要的是啮齿类的动物。幼小的蛇主要是以蜥蜴为食物的。响尾蛇与其他的蛇类一样，既不耐热，又不耐寒，所以在热带地区的响尾蛇经常是昼伏夜出，暑天的时候就会躲在各种的隐蔽处，比如地洞；冬天的时候就会群集在石头裂缝中进行休眠。响尾蛇全部都是毒蛇，对人有非常大的危害。随着治疗方法的不断改进，以及一些民间的疗法的抛弃（许多民间的方法给受毒害的人带来了更大的危险），被响尾蛇咬伤已经不再像以前那样九死一生了。尽管如此，被咬伤的受害者还是要遭受很大的痛苦的。响尾蛇毒性最强的要属于墨西哥西海岸的响尾蛇和南美的响尾蛇，这两种蛇的毒液对神经系统的毒害更胜于其他的种类。美国毒性最强的种类则是菱斑响尾蛇。

角响尾蛇是生活在沙漠或者是红土中那些被风吹过的松沙地区的。

角响尾蛇在夜幕降临之后就会开始捕猎食物，例如更格卢鼠和波氏白足鼠。白天它们在老鼠洞里休息，或者是将自己埋藏在灌木下，与沙面的位置保持等高，不易被发现。像其他的响尾蛇一样，角响尾蛇的尾部也具有响环，这是由它们身上一系列的干鳞片组成的。这些鳞片是它们的皮肤变成死皮之后形成的。角响尾蛇会摇动它们的响环，这是在向入侵者发出警告，被它咬到的时候是会中毒的！

角响尾蛇是靠着一种奇特的横向伸缩的方式穿越沙漠的，这种方式可以使得它抓住松沙，在寻找栖身之处或者是猎物的时候行动非常迅速。当角响尾蛇从沙地上穿过的时候，就会留下它们独有的一行行的踪迹。

响尾蛇每次蜕皮后，皮上的鳞状物就会留下来添加到它的响环上。在它四处游动的时候，鳞状物就会掉下来或者是被磨损。野生的响尾蛇的响环上很少有超过 14 片鳞片的，动物园里饲养的响尾蛇则可达到 29 片鳞片。

响尾蛇和蝮蛇是一类蛇，它们的"热眼"都是长在眼睛和鼻孔之间叫做颊窝的地方。颊窝一般的深度为 5 毫米，只有 1 厘米那么长。这个颊窝像个喇叭的形状，喇叭口斜向朝前的方向，它的中间被一片薄膜分成内外的两个部分。里面的部分有一个细管，那是与外界相通的，所以蛇所在的周围环境的温度和里面的温度是一样的；外面的那个部分却是一个热收集器，喇叭口所对的方向如果有热的物体，红外线就会经过这里照射到薄膜外侧的一面。显然，它要比薄膜内侧一面的温度要高得多，布满在薄膜上的神经末梢就会感觉到温差，并且产生生物电流，最后传给响尾蛇的大脑。响尾蛇知道了前方的什么位置有热的物体，大脑就发出相应的"命令"，去捕获前方的这个物体。

◎响尾蛇是计划生育高手

根据英国新科学家的杂志报道，动物世界的计划生育的优秀奖应当颁发给东部钻石背响尾蛇，这种响尾蛇的雌性可以在体内存储精液至少 5 年的时间，然后再进行生育后代。

研究清晰地证实蛇类拥有特殊的生育能力，它们可以非常有规律的繁殖，其中包括：处女生育、长时间精液存储。但是迄今为止没有人知道蛇类是如何具备这些奇特的生育机能的。

2005 年，研究人员开始收集东部钻石背响尾蛇并进行研究和观察，直到 2010 年底，进行实验观察的一条雌性响尾蛇没有与其他的雄性接触过，竟然令人意外地生育了 19 条小蛇。为了揭晓这其中的谜团，美国罗利市北卡罗来纳州大学的沃伦·布兹从雌性母体和幼体中采集了 DNA 的样本。

布兹曾经研究过蛇类"处女生育"现象，即雌性在不接触雄性的环境下也可以生育幼体。但是在这项最新研究中，小蛇携带着的基因与母体的基因是不相同的，因此，证实雌性在此之前肯定在体内存储着精液。

这项研究暗示了雌性爬行动物可以在体内存储精液多年，这是首次从遗传学上得以证实。布兹猜测其他的爬行动物可以存储精液更长时间，但是究竟有多长时间仍然不是很确定。

东部菱斑响尾蛇

美国东南部的东部菱背响尾蛇的身体长度超过了 2 米，身体的颜色比较深，眼睛的后面有饰斑，它是北美洲最大最重的毒蛇。东部菱背响尾蛇比西部菱背响尾蛇毒性更强，并且其排毒量非常大。响尾蛇的头部有热感应器，可以侦测到人类或者是其他生物的热能，所以就算是一片漆黑，响尾蛇还

※ 响尾蛇

是可以准确的找到目标，并发起进攻。著名的"响尾蛇导弹"就是这么来的。一篇论文报道了一条东部菱斑响尾蛇在 5 年未交配的情况下繁衍后代的消息，这是除了昆虫之外，动物界内已知最长的体内保存精液的纪录。

◎响尾蛇死后咬人的秘密

活着的响尾蛇奇毒无比，足可以将被咬噬之人置于死地，但是死后的响尾蛇也是一样的危险。美国的研究人员指出，响尾蛇即使在死后一小时之内，仍然可以弹起施袭。

美国亚利桑那州凤凰城的"行善者地区医疗中心"的研究者发现了，响尾蛇在咬噬动作方面有一种反射能力，而且不会受到脑部的影响。

研究员访问了 34 名曾经被响尾蛇咬噬的伤者，其中有 5 人表示，自己是被死去的响尾蛇咬伤的。即使这些响尾蛇已经被人击毙了，甚至是在头部切除之后，仍然有咬噬的能力。

一直以来，科学家只知道，响尾蛇的头部拥有很特殊的器官，可以利用红外线来感应附近的发热的动物。响尾蛇死后的咬噬能力，就是来

自于这些红外线感应器官的反射作用；即使响尾蛇的其他身体机能已经停顿，但是只要头部的感应器官组织还没有腐坏，响尾蛇在死后的一小时之内，仍然可以探测到附近 15 厘米范围之内发出热能的生物，并且自动做出袭击反应。科学家根据这一原理发明了许多周边的商品，并广泛的运用于军事上。

※蛇翩翩起舞

◎安全的辨识

响尾蛇的不同种类在体形、领地、斑纹以及性情上都是有很大的差异的。如果响尾蛇不是被遇到窘境或者是受到威胁的时候，它们一般（不过亦未必一定）会尝试的逃走。响尾蛇往往是在受到惊吓或者是在愤怒之下才会咬人的，它们的攻击距离大约是它们身长的 2/3，我们的肉眼很难捕捉。它们攻击的时候亦不需要把身体拉后。

避免接触响尾蛇的最佳方法是保持观察以及避免可能的攻击。远足人士在有响尾蛇出没的地区的时候应该穿着长皮靴以及皮裤，经常留意（特别是在石间的时候）自己的步伐。响尾蛇有的时候会在小径中央晒太阳，当遇到响尾蛇的时候必须与它保持一定的距离让它逃走。

被响尾蛇咬

响尾蛇出生的时候就已经有了可以注入毒素的尖牙，并且能够控制注入的份量。它们一般会给猎物注入全部毒素，但是有的时候在防御的也可能会注入比较小的剂量，甚至是没有剂量的毒素。受惊或者是受伤的响尾蛇则未必也会如此。幼蛇虽然可能未必会像成年的蛇一般注入相同剂量的毒素，但是这样都足以令人死亡了。被响尾蛇咬之后都必须得到及时专业的治疗。

毒性

大多数的响尾蛇的毒素都具有破坏血液组成的功能，会大量的侵蚀血液中的血小板，导致血液无法凝固从而产生严重的内出血；但是有的反而会让血小板大增，让主要的血管中的血液凝结成果冻状，使得血液的流动受阻，最后会因为血液阻塞而导致血管破裂；少数的如小盾响尾蛇的毒液还包含了可以攻击神经系统的功能。

急救

当被响尾蛇咬伤之后，很难去量度被注入的毒素的分量。因此，任何被响尾蛇咬的情况都必须当作是有生命危险并进行紧急处理，并且立即送往医院由专业的医生进行治疗。

有经验的医生一般会将伤口表面的变质的情况进行评级，由 0 级（没有明显的毒素）至 5 级（危害生命的毒素的分量）。这种级别反映了伤害和肿胀的情况扩散的程度。在严重的表面变质情况（4 或 5 级），肢体的近端会可能出现微状，例如口唇发麻、晕眩、出血、呕吐或者是休克的症状。呼吸困难、麻痹、流口水以及大量地出血都是常见的症状。

快速地治疗是很重要的，一般都需要抗蛇的毒素来阻止组织的破坏以及凝血病。大部分的专家建议保持伤者被咬位置水平在心脏以下，可以用来阻止毒素经过心脏蔓延到全身。受伤的人不要尝试切开伤口，这样会使得伤口更加恶化。

| 拓展思考 |

1. 响尾蛇可怕么？
2. 你了解响尾蛇么？
3. 响尾蛇的习性是什么？

响尾蛇导弹

Xiang Wei She Dao Dan

1958 年 9 月 17 日的时候，台湾的媒体获邀到桃园的空军基地，参观了因为金门炮战紧急进驻的美国空军的 F－104A 战机。这批美机隶属第 83 截击机中队，在 9 月 10 日是由 C－124 运输机从美国加州运抵桃园的，这批 F－104A 的战机上就配备的有响尾蛇导弹（当时编号是 GAR－8，然

※ 响尾蛇导弹

后才改为了 AIM－9B），这也是台湾媒体首次见到的响尾蛇导弹。在那个时候，媒体报道是这样描述响尾蛇导弹的："导弹的细长大约为 7 英尺左右，直径 5 英尺左右，涂成了灰白色，弹后有 4 片弹翼，弹头为圆形，似用玻璃质制成的，透出绿色和浅黑色的光芒，看来颇为可怕。要说它是'响尾蛇'的话，那么弹头就正是响尾蛇的眼睛。导弹的射程达 1.3 万码（约合 5 海里），最神奇的是当 F－104A 拦截或者是追逐一架敌机而射出响尾蛇导弹的时候，敌机尾管喷射出的'热气'或是'热线'，可以引导导弹射中目标。因此，只要遇上这种导弹，敌机就休想逃掉，有百发百中的效果。据说这种武器目前在世界上还没有出现过。"

当时的媒体虽然对响尾蛇导弹的报道不全面，但是也可以反映出响尾蛇导弹在当时媒体记者心目中的地位了。不过台湾的媒体不知道的是，当时的美军援台的响尾蛇导弹已经在 8 月 18 日运抵新竹。当时的背景是台海局势已经出现了紧张，大陆和台湾进行的"7·29"空战让

台军损失了两架F－84G，接着又发生"8·7"晋江空战和"8·14"平潭空战，逐渐扩大的规模空战促使美军的高层决定提供响尾蛇导弹，以确保台湾的在空中的优势。

AIM-9X
Sidewinder

※导弹

> ▶ 知识链接

·"七星计划"·

　　为了在战术上达成奇袭的效果，台湾空军希望在响尾蛇导弹装备训练完成之后，便立即投入实战当中，但是在正式使用之前必须保密。台湾空军也与驻台美空军第13特遣队指挥官狄恩准达成了双方协议，即台空军仅指定少数必要人员，负责接收响尾蛇导弹，同时也对响尾蛇导弹等器材的装备保管指定专用的厂房，划定特别禁区以及增设必要的设施。

　　为了求保密，台湾空军特地以"七星计划"命名，启动接收美援响尾蛇导弹的行动，台空军在相关的公文之中都把响尾蛇导弹和相关装备统称为"明星装备"，响尾蛇导弹的代名是"明星武器"，发射架则是"明星发射架"。

　　台湾空军第2战斗机大队是第一个接收响尾蛇导弹的，这个大队首批训练的飞行员一共有8名，是在9月10日完成训练的，平均每名飞行员都需要进行4次模拟导弹锁定目标的训练，即为只从耳机中听到锁定的信号声音，并没有发射实弹。在与此的同时，这个大队有20架的F－86F战斗机用来完成响尾蛇导弹发射架的装配工作，其中已经有15架完成试飞。

　　F－86F加装的响尾蛇导弹和发射架的验收工作中，由一架F－86F试验机分别挂载着5英寸无控火箭弹和响尾蛇导弹飞到了海上，测试机先发射了火箭弹作为模拟的热源，然后再发射响尾蛇导弹。在当时，美军还派出了一艘军舰进行观测，确定响尾蛇导弹成功的命中了火箭。

※存放的响尾蛇导弹

导弹诞生于上个世纪的 40 年代，最初是德国在第二次世界大战的后期轰炸英国的时候所使用的。从理论上来讲，导弹是依靠着用制导系统来控制飞行轨迹的火箭或者是无人驾驶飞机式武器的，它们的任务是把炸药弹头或者是核弹头送到所打击的目标附近从而进行引爆，并且摧毁目标。导弹通常是由战斗部（即弹头）、弹体结构、动力装置与制导系统来组成的。导弹战斗部可以是普通装药和核装药，也可以是化学、生物战剂。其中装普通装药的称为常规导弹，装核装药的称为核导弹。导弹按照发射点和目标可以分为地地导弹、地空导弹、空对地导弹、反坦克导弹、反弹道导弹、反舰导弹的导弹等等；按照飞行的方式可以分为巡航导弹与弹道导弹；还可以按照作战的使用分为战术和战略导弹。其中，空对空导弹的突出特点就是命中率非常高。

二战的结束之后，美苏的军事对抗促使了两国开始研制了各种先进的武器。美国充分利用从德国获取来的火箭技术，从而开发新型的武器装备。在这其中包括了射程为数百公里的导弹。1949 年的时候，美国雷锡恩公司和福特航宇通讯公司开始研制的近距离的空对空导弹。最初的时候，空战导弹的雏形是要把战机里面掏空，然后安装上高爆的弹药，再装上无线电等飞行的控制系统，最后完成几百公里以外的攻击。后来红外空战导弹的研制组建也开始了提上的日程。几年之后，空战导弹初步已经成形。弹体的长度大约为 3 米，直径有 120 余毫米，弹体是由铝管制成的。弹头的前端玻璃罩内是寻的系统，是由一组硫化铅热感电池以及聚焦光学部件构成的。寻的段后面，是 4 片三角翼，可以调控方向。导弹中段是爆炸段，由高爆炸药以及引信组成的。导弹的后段，是火箭的发动机，外加了 4 片尾翼。

1953 年的时候，空战导弹就已经试射成功了。1955 年就开始装备在了美国空军，并且将它命名为"响尾蛇"。1962年的时候，为了统一它们的名称，美军给"响尾蛇"空战导弹的正式编号为 AIM－9，基本型号是 AIM－9B，相继的就有 AIM－9C、9D、9G、9H、9E、9J、9N、9P、9L、9M 等 10 多种改进型，总共生产了 10 万多枚这种导弹。时至今日，"响尾蛇"已经成为世界上产量最大的红外制导空对空的导弹了，它也是实战中被广泛使用的少数导弹之一，它们参加过越南的战争、马岛冲突和海湾战争。各型"响尾蛇"导弹（除 C 型为半主动雷达制导以外）都采用了红外制导，发射之后导弹控制舱前面的导引探测目标发出的红外辐射，可以使得导弹自动的跟踪飞行的目标，直至击中目标，发射之后不用再管它。

主要的组成部分

如果要完全实现这项功能，响尾蛇导弹需要 9 个主要的组件：

火箭发动机：它是用来提供推力驱使导弹在空中飞行使用的。

后稳定翼：是用来提供必要的升力保持导弹飞行高度。

导引头：可以观察从目标发出的红外线。

制导控制电子设备：是用来处理来制导引头的信息的，并且计算导弹的正确飞行路线。

动作控制部分：可以根据制导电子设备发出指令，并且调整导弹前端附近的飞行翼片。

飞行翼片本身：是用来控制导弹在空中飞行的方向——就好像飞机机翼上的副翼，运动的飞行翼片在导弹的一侧就会产生拉力（增加风的阻力），使得它的转向改变。

弹头：实际上就是摧毁敌机的爆炸装置。

引信系统：当导弹到达目标的时候用来引爆弹头。

电池：为弹载电子设备提供电源。

性能参数

"响尾蛇"的弹的长度为 2.87 米，弹的直径为 0.127 米，射程为 18.53 千米，最大飞行速度为每秒 850 米，不同型号的全弹品质差别也很大，B 型的最小为 75 千克，D 型最大为 89 千克，最大有效射程迎头攻击不会大于 12 千米，尾追攻击大约为 7 千米。"响尾蛇"空对空导弹系列现在已经发展到第三代了。

这种导弹采用的是鸭式气动的布局，舱面与弹翼前后呈 X－X 形配置的；全弹是由制导控制舱、引信与战斗部、动力装置、弹翼和舵面所组成的。各型号的"响尾蛇"导弹，它们的气动布局和结构的组成都不会改变，主要是结构的尺寸稍微有点变化以及元器件性能的改进。AIM－9 导弹各型号都是采用普通装药的破片杀伤战斗部，用来摧毁目标。这种型号的导弹采用红外线的制导，探测距离和灵敏度有很大地提高，选用镭射引信，提高了炸点的精确度，既具有近距离的格斗能力，又可以全方向、全高度、全天候的作战，是被很多国家的部队大量装备的武器。

虽然"响尾蛇"凭借着自身的优势，在空对空导弹中占据着非常重要的地位，但是，"响尾蛇"也有自身的弱点。在空战作战中，战机如果不能全方位地对目标进行攻击，那么它的尾后就会受到威胁。在全方位攻击的方面，俄罗斯的 AA－11"箭手"近程空对空导弹因为具有"后射"的能力而领先于"响尾蛇"。为了保住在空战的优势，美空军决定开发具有偏离轴线性能的格斗导弹，从而改进了"响尾蛇"。第 4 代的"响尾蛇"AIM－9X 在新世纪之初问世了。

世界上第一种红外制导空对空导弹是"响尾蛇"AIM—9。红外装置可以引导导弹所要追踪的目标，就像响尾蛇一样可以感知附近动物的体温而后准确地捕获猎物。美国的"响尾蛇"系列一共有 12 型，AIM—9L 属系列中的第三代，被称之为"超级响尾蛇"，根据不完全的统计报导，在多次的局部战争之中，被它击落的飞机大约有 200 多架。这种导弹在 1983 年的时候停产，然后被更先进的导弹取代了。响尾蛇导弹是美国海军在中国湖空用武器中心所研发的，使用单位遍及了美国的 4 大军种，外销的数量也有很多，对现役所有的红外线导引空对空导弹的基本的设计概念都有深厚的影响，苏联的第一款红外线导引空对空导弹实际上就是仿造响尾蛇而来的，苏联的设计人员对设计小组的巧思也是非常赞赏。

AIM－9系列的响尾蛇导弹是一种超音速的追热导弹。是在1977年生产的，导弹的长度为2.87米，直径为127毫米，最大射程为18530米，可以全方位的攻击目标，最善于的是近距离格斗，体积小，重量轻，结构非常简单，成本低，"发射后可以不用管它"。

AIM－9A

原始的编号为XAAM－N－7的响尾蛇的原型导弹是在1953年9月试射成功的，这一个次型之后更改的编号是GAR－8，后来又改为AIM－9A，又被称之为响尾蛇1型。美国的海军第一个接收这个AIM－9A的单位是在大西洋舰队部署在Randolph号航空母舰上的VA－46中队的。这个中队在1956年7月14日正式在他们的F9F－8美洲豹战斗机上使用响尾蛇导弹。在同年的8月太平洋舰队BonhommeRichard号航空母舰上的FJ－3M战斗机与他们的VF－211中队接收到了第一批的导弹。

美国空军就是在次年开始先在本土的防空单位的F－104战斗机上面佩挂这种响尾蛇导弹的。

根据1956年，由两艘航空母舰上面部署单位试射的200枚导弹的统计情况为，单发命中率大约是在60％左右，远远低于海军自己的评估，但是也比较接近了真实的情况。

9A的生产数量大约有3500枚，它服役的时间比较短，1957年开始就陆续的由性能更好的AIM－9B所取代。

AIM－9B

AIM－9B最初的编号为AAM－N－7，第一次在台海冲突首创击坠敌机纪录，中华民国空军的F－86军刀机使用时的编号是GAR－8，最后的通用编号为AIM－9B。AIM－9B也是美国海空军进入越战时期的主力空对空导弹之一。

AIM－9C

响尾蛇导弹系列里面最特别的一个次型是AIM－9C。它导引的方式并不是红外线导引，而是半主动雷达导引的。由于响尾蛇导弹只可以由目标的后方锁定攻击，所以使用上的限制是比较大的，如果改用半主动雷达导引，配备的AIM－9C的战斗机就可以采取对头的攻击。在当时美国海军舰载战斗机的主力之一是 F－8 十字军式战斗机，然而限于雷达的因素，F－8 只可以使用红外线导引的响尾蛇，AIM－9C 的计划就是针对提升 F－8 的作战能力研究出来的。这个提升使得只可以操作 F－8 的艾塞克斯级航空母舰上的中队，具备和大型的 F－4 幽灵 II 型的相似的战斗机同等级的攻击能力。

然而当 F－8 随着小型的航舰退役而离开战场的时候，AIM－9C 也没有办法继续在舰队中服役了。不过这一型导弹后来就被改成了可以供直升机使用的 AGM－122 反辐射导弹。

AIM－9D

是由福特航太和雷神共同生产的，它有着最新的导向装置以及飞控系统，是由硫化铅光电池寻标器搭配着氮气（Nitrogen）冷却系统，俯视角可以达到 40°，光网的频率由 70Hz 提高到了 125Hz，追踪目标的能力是每秒 12 度，弹鼻的玻璃罩是由一较小的氟化镁所取代的，它让红外线中波长比较长的部分更容易穿透。

其他的改良部分还包括有：换装洛克达因（Rockdyne）公司的 Mk36 火箭推进器，这可以使得飞行的速度更加快速，飞行的距离由 5.6 千米（3 海里）延长到了 17.7 千米（9.6 海里）；弹头比较大，并且是连续柱形态，渐缩式的弹鼻的新弹体，尾翅弦线也加长了。

AIM－9E

AIM－9E 是由 5000 发是经过寻标器升级之后的 AIM－9B。

AIM－9G

自 G 型开始，响尾蛇导弹增加扩大了搜寻模式，这个模式利用驱动装置，可以让导引头以预定的摆动路径进行目标搜索，或者是可以先由发射飞机上的雷达，带领寻标头搜索目视距离以外的目标，如果寻标头锁定目标的红外线讯号之后，雷达就会解除对寻标头的控制，让导弹进入准备发射的阶段。这个模式可以增加响尾蛇导弹的接战距离与效率，越战的时候曾经被 F－4 战斗机大量的使用。

AIM－9H

为了解决真空管电路的事情，它导致了导弹的可靠度有极差的困扰，福特航太公司由 AIM－9H 开始使用晶体管电路，这型导弹保留了

AIM－9G 绝大部分的导向以及控制系统，追踪的速率则又提升到每秒 20 度，成为当时的运动性最佳的导弹。福特航太公司和雷神公司一共为美国海军生产了 7720 枚的 AIM－9H。

AIM－9M

AIM－9M 是 AIM－9L 的修改型，主要是加强了寻标器的抗干扰的能力。弹体的长度 2.87 米，重有 85.5 千克，极速为 2.5 马赫，弹头重 10 公斤，最大射程为 18 千米。

AIM－9N

它是 AIM－9J 的后续发展型，重新设计了 AIM－9J 的各项的电子系统，得以提升导弹系统的性能和可靠度，最初的时候称之为 AIM－9J1，福特航太公司生产超过了 7000 枚，专门供外销用。

AIM－9P

AIM－9P 是 1970 年代初期的时候是由美国空军提供经费所发展出来的，它的主要目的是为了提供外国客户更具有成本效益的导弹，后来也有相当的数量在美国空军进入服役。这型导弹一共生产了 21000 枚，一部分是全新产品，另一部分则是由 AIM－9B/E/J 修改而来的。瑞典的空军赋予的编号为 Rb.24J。在外观上与 AIM－9J/N 比较相似，有个圆锥形的弹鼻，以及弹体前方有控制鳍翼的仪器。

其他次衍生型及改良地方包括：

AIM－9P1：它是使用雷射近发引信，代替的原来的红外线引信。

AIM－9P2：推进了让火箭废气比较少。

AIM－9P3：它是采用加强的反制干扰的寻标器，但是仍然使用原来的红外线引信。

AIM－9P4：它是 AIM－9P3 修改型，采用了 AIM－9L 的部分科技，具备了与 L 型相同的全方位寻标器。

AIM－9P5：加强了电子反反制的能力。

AIM－9R

美国海军在 1986 年的时候，是以 AIM－9M 为基础进行发展的型号，使用 WGU－19/B 影像红外线（ImagingInfrared，IIR）寻标器，提升了导弹在日间的侦测与锁定的能力。在 1990 年的时候首次试射，原预定是在 1992 年初少量生产的，但是在 1991 年 12 月的时候由于预算被删除，所以发展的计划结束。

AIM－9S

AIM－9M 的降级版，是将反反制的能力降低，专门提供给国外军售，第一个客户是土耳其国家。中华民国陆军也有采购一批 AIM－9S 导弹，是配置在 AH－1W 超级眼镜蛇攻击的直升机上，是用在直升机自卫空战的时候进行使用的。

AIM－9X

AIM－9X 是响尾蛇系列的最新型，在 2003 年尾的时候达到了初始的操作能力，正式开始服役了。AIM－9X 以 AIM－9M 的固态推进的火箭和弹头，配合着全新设计的红外线影像寻标头与导引系统，弹体、缩小的弹翼与控制面以及燃气舵等等，已经将响尾蛇导弹的能力提升到了一个全新的境界。

经过为数众多的试射评估，以及超过 3500 小时的飞行测试的时候，2004 年，美国海军与海军陆战队开始在 F／A－18C 上配备了 AIM－9X，稍后军方正式的同意进入量产的阶段，其中海军将先采购了 600 枚实弹与训练弹。2005 年第一季的时候雷神公司宣布他们已经递交了 1000 枚的 AIM－9X 给了美国海军和空军，未来 20 年的总数将会达到 10000 枚。

在 AIM－9X 推出之后很快便引起了其他国家的注意与采购，到 2006 年 4 月止，已经有 443 枚的实弹与 153 枚训练弹的外销记录，输出的国家包括有波兰的 178 枚，丹麦的 60 枚，韩国的 41 枚和瑞典不明数量的采购，已经确认的订单还有土耳其 127 枚实弹与 22 枚的训练弹，芬兰 150 枚以及沙特阿拉伯等等。未来估计外销的订单将会达到 5000 枚以上。

AIM－9X 是采用的先进的自动驾驶仪的飞行控制系统，是具有很高的机动控制能力。AIM－9X 只有 4 个很小的矩形尾翼，这样空气阻力几乎减少了一半，它的马赫数超过 3，速度更加快速了。AIM－9X 采用的新一代的红外线导引头，具有在晴空下有更高的目标的辨识能力，可以清楚的分辨是人工热源还是自然热源。AIM－9X 在飞向目标的过程之中还具有抗干扰的能力。它已经具有很好的偏离轴线射击的能力了，即不单会进行直线攻击，还可以选择不同的角度甚至是向后方向发起攻击。因此，飞行员可以选择更佳的机会去攻击目标。以前的各个型号的"响尾蛇"只可以在 20°角

※AIM－9X "响尾蛇"

的范围之内寻找目标，而 AIM－9X 可以在 90°角的范围之内寻找目标，可以防御敌机从尾后偷袭自己。

美军方表明，美军现役的 F－15C、F－16C、F/A－22 和 F/A－18C/D/E/F 系列的战机都需要装设在 LAU－12X 或者是 LAU－7 发射架上。飞行员配发的与 AIM－9X "响尾蛇"导弹配套的头盔，以及具备发射的 AIM－9X "响尾蛇"导弹的能力。具有这种能力可以使飞行员获得空战的优势，也可以使得飞行员的战斗能力有"质的飞跃"。AIM－9X 是目前美军拥有的唯一的一种可以与俄罗斯的 AA－11 "箭手"相较量的近程格斗的空对空导弹。它在不久之前就完成了靶机的测试，开始批量生产并且服役，已经装备驻阿拉斯加埃尔门等多个基地的美空军第 8 航空队第 12 和第 19 战斗机中队之中。美空军计划采购的5100 枚 AIM－9X，美海军计划采购 5000 枚 AIM－9X。

未来的"称雄"

到目前为止，全世界已经研制的空空导弹型号到达了 70 多种，空空导弹在现代战争之中所发挥的作用也愈来愈明显了。在越战之中，美空军使用空空导弹击落了越南的飞机有 89 架，空空导弹的命中率将近10％。而在 1991 年的海湾战争之中，这一比例提高到了 95％，伊拉克

被击落的 38 架飞机中，其中有 36 架是被空空导弹所击落的。为了夺取未来空战的胜利，世界军事强国纷纷努力地在研制性能更加的优越、用途更加的广泛的新型空空导弹。AIM－9X 导弹就是美国为了满足 21 世纪近距离空战的要求而进行设计的。

俗话说，好马还须配好鞍，导弹与性能超群的飞机配合在一起才可以发挥出它所具备的性能。实际上，美军已经给这种型号的导弹找到了一个如意的"郎君"，——F/A－22 战斗机。

F/A－22 是目前世界上最先进的隐形战斗机了。这架机雷达反射截面积只有 0.1 平方米，而一般的战斗机的雷达反射截面积一般在 20 平方米左右。因此，这架机一旦与对手空中交手，对方火控雷达是很难探测的。F/A－22 飞机的火控雷达可以自动搜索目标，最多可以跟踪 30 个飞行目标，并且可以跟踪 16 个地面目标，犹如一架小型的空中预警机。该机还配有 2 台涡扇发动机，最大飞行马赫数为 2.1，一次可以飞行 4000 千米，犹如一架中程轰炸机。空战的时候，F/A－22 飞机一次可以携带 8 枚空空导弹；对地攻击的时候，则拥有远程空地导弹、激光制导炸和反辐射导弹弹等多种武器。

据估计，一架 F/A－22 隐形战斗机的作战威力相当于目前的 3 架 F－15 重型战斗机。在 2000 年的时候，F/A－22 飞机试射"响尾蛇"近距空空弹，飞机以 0.7 倍音速的速度飞到大约为 7000 米的空域，飞行员按动了发射的按钮，一枚"响尾蛇"导弹随即飞离了载机，成功地将远方的目标击毁了，取得了预期的效果。

※F/A－22 飞机

根据美国空军的计划，第一个 F/A－22 隐形战斗机中队将会在 2005 年的时候投入使用。届时，这架机将替换美国空军目前在役的 F/A－15 战斗机。预计，美国空军在未来 10 年里将会部署 339 架 F/A－22 隐形战斗机。F/A－22 战斗机与 AIM－9X "响尾蛇"导弹的结合，可谓是"郎才女貌"，在未来的空战将会是"天下无敌"的。有军事专家称，2005～2035 年，配备的 AIM－9X"响尾蛇"导弹的这架 F/A－22 隐形战斗机将会"称雄"于空战世界。

已经走过了半个世纪时间的空对空导弹，在人类的战争的历史上具有不可替代的地位，"响尾蛇"作为空对空导弹的典型代表已经迎来了第四代，它还能走多远呢？让我们拭目以待吧。

"响尾蛇"系列空对空导弹主要是装备在美国空军和海军，它用于截击或者是空战。他们还向菲律宾、日本、澳大利亚、挪威、瑞典、西班牙、荷兰、加拿大、意大利、德国、法国、英国等 20 多个国家和地区进行出口销售。"响尾蛇"系列的各型号空对空导弹，先后装备在 F－86、100、104、105，F－111，F－4、5、8、14、15、16、18，"幻影"F－1、III，Saab35、37，"狂风"等战斗机；A－4、6、7、10，"海鹞"、"鹞"、"美洲虎"等攻击机。这些飞机有的还参加了世界各地的多次的实战行动，使用了很多种型号的"响尾蛇"导弹。

早期的"响尾蛇"性能比较低下，例如在越南战争中发射的 100 枚"响尾蛇"，它们只命中了 10 枚，有一次还敌我不分地打下了自己的飞机。

几十年以来，颇有威力的"响尾蛇"导弹经历了许多的战争和冲突，它的身影也遍及世界上的许多国家和地区，可谓是大名鼎鼎。

在 1981 年 8 月的时候，美国海军的 2 架 F－14"雄猫"战斗机曾经在 1 分钟之内击落利比亚的 2 架苏－22 式攻击机，它使用的就是"超级响尾蛇"导弹。1982 年在马岛战争之中，英军的 10 架"海鹞"式战斗机发射的 27 枚"超级响尾蛇"导弹，击落了 24 架阿根廷的飞机。西方传媒称之为是"具有划时代意义的空中杀手"。

毒刺导弹

"毒刺"是在"红眼睛"导弹基础上发展起来的，它是一种单兵肩射近程的防空武器系统。这种系统实在 1972 年 7 月开始研制的，1981 年 2 月进入部队服役的。与"红眼睛"相比，这种导弹改进了发动机、发射系统和制导系统，增加了敌我的识别的感应器，从而大大提高了作战性能和作战半径。

"毒刺"导弹分为基本型和改进型两种，基本型采用的是有全向红外导引头，工作波长为 4.1～4.4 微米。这种导引头具有比较高的灵敏度，可以感受到金属表面的红外辐射的信号，因此，它不但可以跟踪飞机排出的热气流，尾追敌机，也可以根据飞机的表面辐射的红外信号，然后对敌机进行迎头的攻击。

为了改进基本型的"毒刺"导弹的抗干扰的能力，从 1977 年起，就开始为它研制"被动光学导引头"。改进型的导弹在 1987 年的时候进行服役的，它的新型导引头工作在红外/紫外的两个波段，并且采用了星形图像的扫描技术，从而使得它对目标的探测范围大大扩展了，抗干扰的能力也大大提高了。

"毒刺"导弹的弹径与"红眼睛"一样，都是 70 毫米，但是导弹的长度增加到了 1.52 米，导弹的重量增加到了 10.13 千克。它的最大的作战半径提高到了 5.6 千米，最大作战高度也提高到了 4.8 千米。它具有全向攻击能力，并且抗红外干扰能力强的"毒刺"导弹被大量出口到了第三世界国家。随着国际形势的变化，不少的"毒刺"导弹已经流落到民间。

由于这种导弹非常先进，对军用飞机和民用飞机都威胁很大，如果这种导弹落在了恐怖分子的手里，将会后患无穷。因此，美国人又不得不出高价去收购哪些散失在各地的"毒刺"。

"毒刺"的性能很好、重量很轻，可以赋予其多种用途，美国人已经将这种导弹挂载在直升机和轻型飞机上，用来提高它们的空对空自卫能力和空对地攻击能力。

拓展思考

1. 响尾蛇导弹的特点是什么？

2. 第一个接收响尾蛇导弹的是哪里？

3. 响尾蛇是世界上第一种什么导弹？

响尾蛇枪

Xiang Wei She Qiang

这类枪可以单、连发发射，没有快慢机，甚至连保险都没有，单连发转换是通过控制扳机行程就可以简单实现（注：最早的型号只能单发发射）。轻扣扳机的是单发发射，将扳机扣到

响尾蛇冲锋枪的原型枪 EX-001，没有快慢机、没有保险，使用 MP38 冲锋枪的弹匣，只能单发发射

※ 响尾蛇枪

底的时候为连发发射。早期的响尾蛇冲锋枪甚至没有设置瞄准装置，发射的时候射手将食指贴在机匣上，依靠它的自然指向性使枪口瞄准目标，然后靠中指扣动扳机击发。实践证明，这种方法对于近距离快速射击是非常有效的。

响尾响枪的创始人为麦克奎恩和白金汉姆，他研制这种响尾蛇冲锋枪的目的就是为了提供一种单手握持、具有有一定威力的近战武器，不过它的外观非常的独特，完全背离了传统的冲锋枪的造型。整个枪身圆溜溜的，和它"响尾蛇"的名称还真是绝配了。握把位于响尾蛇枪机之前，布局比较诡异，圆筒形的机匣里面是枪机组件和缓冲装置。机匣尾端并没有枪托，但是那里装有一个月牙形的可以旋转的肩垫，肩垫可以根据不同的握枪姿势来调整角度，抵在胳膊肘弯处就可以牢牢地控制住冲锋枪了。此外，这种枪的一大特色是在于它后端的机匣可以旋转，当握持住握把的时候，后机匣以及上方的弹匣槽可以作 360°的旋转，这种巧妙的设计使得左、右手射手都可以轻松舒适地将枪握持在手中射击。在 1977 年的时候，在阿尔伯克基的美国海军 I550 空军基地，以及位于本宁堡的陆军某部给相关人员进行演示，机匣上装了单点式瞄准镜，它是一种非反射准直式瞄准镜，眼睛通过镜筒只可以看到一个亮点/分划，必须同时需要用另一只眼睛看目标，通过"合像"才可以实现瞄准口径11.25 毫米，11.25 毫米口径响尾蛇冲锋枪的后坐力要柔和，枪口上跳也会比较好控制。这与该枪的弹膛轴线、抵肩位置在一条直线上有关系，该枪不仅在演示中没有出过故障，而且相比于一般冲锋枪，不需要学习什么射击的技巧就可以轻松自如地使用。

在 1979 年 11 月 4 日的时候，伊朗宗教领袖霍梅尼的支持下，部分激进青年突然闯入了美国驻德黑兰大使馆，劫持了 52 名使馆人员，用来迫使美政府引渡流亡美国的前伊朗国王巴列维。但是这个要求遭到了美国的拒绝，两国的关系随即陷入了僵局。在人质事件发生后的几个小时之内，美国三角洲特种部队就开始着手准备了一个大胆的营救计划。这个计划被命名为"鹰爪"行动，一共投入了 12 架战机以及几百名的特战队员。首先，有 3 架 C－130"大力神"运输机飞往伊朗南部的"沙漠一号"内在美军秘密机场待命；同时还有 8 架海军陆战队的 RH－53D 直升机载满了三角洲特种部队的队员，从最近的海域尼米兹航空母舰上起飞，飞到预定的地点与 C－130 机组进行汇合。由于行动的秘密性，整个营救计划的关键环节是由直升机来承担输送人员的任务。虽然秘密机场离德黑兰大使馆还有一段距离，但是通过沿途空中加油，直升机将有足够的燃油保证特战队员以及被解救人质的顺利返航。行动开始之后，美国陆军的游骑兵特种部队也将会按照计划夺取德黑兰附近的某军用机场，以便于两架从阿曼赶来支援的 C－141 运输机将完成任务的特种部队人员和被解救人质一并携行出境。此外，为了保证整个营救计划的万无一失，还有 3 架 EC－130 电子预警机进入高空轨道用来干扰伊朗的通信设施，并且在低空布置了 3 架武装直升机，以便于在必要的时候提供火力支援。

1980 年 4 月 24 日的时候，正式执行"鹰爪"行动，然而，行动一开始就遇到了很大的麻烦。在"沙漠一号"的机场，一架 RH－53D 直升机与一架停靠在机坪的 C－130 运输机不幸发生了碰撞，两架飞机都着了火，造成了 3 名海军陆战队队员和 5 名空军人员死亡，十几人受伤。这个变故使得"鹰爪"行动不得不中途搁浅，剩下的特战队员都撤出"沙漠一号"的机场了。由于事发很是突然，撤退的时候，匆忙的美

※ "鹰爪"

国人犯下一个致命的错误——竟然没有将剩下的飞机彻底销毁！很快，飞机的残骸燃烧起来的火光和烟雾引来了伊朗的军队。在幸存下来的直升机里面，伊朗人发现了一份关于"鹰爪"行动的计划书，从而使得这个计划彻底的曝光。伊朗方面迅速作出反应，将人质分为几批疏散到不同的关押地点。这个办法也非常有效，使得美国的营救计划不得不宣告失败。而被关押在美国大使馆的人质，一直到里根总统上台，美伊关系缓和之后才得以释放。

尽管"鹰爪"行动没有成功，但是当时的卡特政府却对这个计划给予了高度的关注和支持。在行动计划的初始阶段时期，有人提出了将三角洲特种部队的队员采用直升机通过绳降的方式送入大使馆内，于是如何在绳降过程中使用武器对付可能出现的情况就成了研究的一个焦点。那些受过良好训练的特战队员在绳降中完全可以用一只手操纵武器，但是手枪的火力是不够的，M16步枪此时又不适宜使用，因为它不仅难以用一只手持枪瞄准，而且连发发射的时候会由于后坐力造成直升机绳梯受到侧向力作用，使得队员在空中被迫旋转从而没有办法控制方向，因此需要一种便于单手握持射击的特殊武器来担当这项重任。在这个时候，响尾蛇冲锋枪进入了行动计划小组人员的视野。

在德黑兰美国大使馆人质劫持事件发生的 3 年前，麦克奎恩便将他的响尾蛇冲锋枪以及附加的消声器装置，一并带到了阿尔伯克基的美国海军 1550 空军基地，以及位于本宁堡的陆军的某部给相关人员进行演示。根据陆军的相关人员回忆，当时一共演示了两支响尾蛇冲锋枪，其中一支口径是 9 毫米，机匣上装了单点式瞄准镜，另一支口径为 11.25 毫米。令测试人员吃惊的是，11.25 毫

※响尾蛇冲锋枪

米口径响尾蛇冲锋枪的后坐力比较柔和，枪口上跳也好控制。而且令测试人员满意的是，这种枪在演示中没有出过故障。然而，陆军方面虽然饶有兴趣地进行了测试，但是并没有正式表态。而且，据说当时的特种部队人员也对这支武器充满了兴趣，但是同样没有公开发表他们的看法。

平静的日子突然之间被打破了。就在人质劫持事件发生之后的一天深夜，麦克奎恩接到了一个神秘的电话。电话里的人用不容置疑的口吻告诉他必须在第二天一早就带上了他设计的冲锋枪

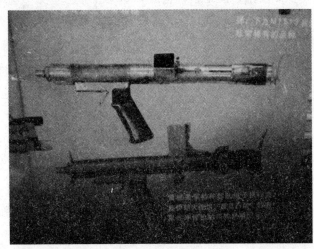
※美军的冲锋枪

以及相关附件到指定地点去报到。一头雾水的麦克奎恩当时只回应了一句，"你们这群魔鬼"！他的不愉快是情有可原的，因为冲锋枪已经申请了专利，按照常理来说，即使是美国政府需要采用，也必须得征得拥有者的许可并且履行相关的手续，否则那就是违法行为。麦克奎恩给专利局打电话说明了这件事，专利局的人却告诉他，他们注意到这个电话是从白宫打出来的，一定是有重大事件将要发生，所以最好照吩咐做，至于相关的手续，以后可以再补。有了这样的保证，麦克奎恩只好把他的两支样枪交给了军方。

在"鹰爪"行动失败8个月之后，这两支响尾蛇冲锋枪才得以物归原主。至于他的枪到底被用在了何处，怎么用了，官方也没有给予任何的解释。但是麦克奎恩获得的小道消息是，他的枪在马里兰州的米德堡里秘密地试制了一些，而这个地方距离著名的美国国家安全局（NSA）只有咫尺之遥。据说这些响尾蛇冲锋枪在米德堡进行了很多的试验，包括常规的扬尘、淋雨、泥水试验等等，响尾蛇冲锋枪的表现很好，它粗犷、简洁的设计风格非常适宜在恶劣环境下使用，哪怕是粗暴一点的使用都不会轻易地出故障。

基本性能：由于响尾蛇冲锋枪并没有生产，即使军方测试的时候又曾试制新枪，但是总数也仅有20支。这20支"响尾蛇"却各有千秋，体现出了一支武器从最初的构想到最终的成品有一个完整的改造过程。响尾蛇冲锋枪的第一支原型枪的编号是EX－001，发射9毫米巴拉贝鲁姆手枪弹，它是使用德制MP38冲锋枪的弹匣，其他后来编号的冲锋枪则改为了司登冲锋枪的弹匣（MP38冲锋枪的弹匣是双排双进，这种结构装弹速度比较慢，也比较容易出故障）。EX－001的握把看起来像是M16步枪握把的一种变形，或者说是至少在设计的时候曾经受到了M16步枪的启发，握持感不错，其后的型号也基本没有进行改动。

EX－001没有连发的功能，也没有瞄具，完全是靠着概略瞄准单发发射。为了提高武器在恶劣环境下（例如弹膛受到污染，发射不同装药量、不同品质弹药时）的可靠性，响尾蛇冲锋枪还具有独到的设计考虑：它枪机上设置的有五档环形槽与扳机阻铁相配合。当由于弹药问题或者是污垢导致枪机不能完全后坐到位的时候，扳机阻铁即使不能与最前端的枪机环形槽扣合，也能与中间段或者是最后端的枪机环形槽扣合，从而保证了冲锋枪的机构动作完全可靠。更妙的是枪机上设置的这种环形槽使得机匣旋转到其他角度的时候，扳机阻铁也一样可以与枪机可靠扣合。此外，它的机匣上的弹匣槽底端的设计有多功能弹匣卡笋，兼作辅助装弹的工具。因为双排双进的 MP38 弹匣在没有专门辅助装弹工具的时候，手工装填枪弹是一件非常费力的事情，而 EX－001 集成了这个辅助装弹功能，也相对地缓解了这个缺陷。

编号 EX－003 和 EX－002 的响尾蛇冲锋枪采用了 0.45 英寸口径，这与同口径的柯尔特手枪弹深受美军喜爱也有关系。这两支枪也没有设置保险，使用的弹匣是为"黄油枪"（为朝鲜战争时期的美国士兵对 M3/M3A1 冲锋枪的俚称，因为其与美军加油站的喷枪长相比较相似，所以有此称谓）的弹匣。EX－002 已经有了连发的功能，它的单连发转换通过控制扳机行程以此来实现的。

EX－003，它已经是"鹰爪"行动的备用枪支之一了，而且从 EX－003 开始，响尾蛇冲锋枪已经有了实质性的变化。首先，EX－003 增设了瞄具，不仅设置的有可以翻转的简易片状准星和照门，机匣上还设置的有韦弗式导轨用来安装光学瞄具。最奇妙的是，它的枪机拥有两个不同口径的机头，它们只需要将枪机翻转过来，然后再换上匹配的枪管、弹匣适配器以及弹匣，就可以发射出不同口径的枪弹了！它的结构与 EX－002 不同，不再通过扳机的行程来控制，而是通过扳机后端的快慢机钮来发射的。与 EX－002 一样，EX－003（包括后续型）的扳机护圈也作了很大的改进，它的护圈是活动式的，前端扣合在机匣上，可以往后面翻转，即使是戴手套也能自如的控制扳机。此外，它的月牙形肩托可以适当延长一定的长度，以便于更好地配合前臂比较长的射手使用。

EX－004 放弃了原来的 EX－002 和 EX－003 的双口径枪机的设计，并且稍作改进的司登冲锋枪弹匣（双排单进）。保留了韦弗式光学瞄具座，但是取消了机械瞄具。这个最显著的改进是在于它的射速可以调动，而且采用的是增减枪机质量的方法——这种方法是在 20 世纪 30 年代的时候，捷克斯洛伐克造 ZK383 冲锋枪上就已经采用过了。EX－

004 的枪机可以通过安装配重块用来控制枪机自动循环的速度从而达到控制射速的目的。不加配重块的时候，冲锋枪的射速是 1050 发/分，这样的射速显然是比较高，对于射击的精度、武器的寿命和射手对枪的操控都是不利的，加上一个配重块之后，射速可以下降到 900 发/分，加两块配重块之后，可以降到 750 发/分。

EX－004 增加了伸缩式的枪托，这样既可以抵在胳膊肘弯处进行射击，也可以抵肩射击，并且伸缩托取下之后，伸缩杆可以作通条用来擦拭弹膛。在射击的试验中发现，EX－004 在抵肩射击的时候，如果选择弹匣朝外方向，往复循环运动的拉机柄有可能对人体，特别是脸部造成非常大的伤害的。因此在抵肩射击的时候，权宜之计就是硬换改变正常射击时候的机匣位置。右手射手射击的时候，因该将后机匣（包括弹匣槽）旋转到手臂右的内侧，这样拉机柄就会朝外，抛壳的方向也会朝外，射手就会比较安全。左手射手就会相反。幸亏响尾蛇冲锋枪在设计的机匣中可以旋转，否则这个问题还真的不好解决掉。

到了 EX－005，响尾蛇冲锋枪已经基本的定型了，EX－005－EX－017 的基本结构都没有大的变动。与最早的原型枪相比较，这个阶段的响尾蛇冲锋枪已经保留了几个鲜明的特色：在握把垂直握持的状态之下，后机匣（包括弹匣槽）可以旋转 360°；机匣顶端装配的有韦弗式导轨，可以加装光学瞄准镜；它有两种的射击姿态，单手握持射击的时候，利用肩托抵在胳膊肘弯处可以操控武器，拉开伸缩托之后，可以同传统的冲锋枪一样抵肩射击；没有传统的保险设置，这种单连发发射（取消了 3 发点射功能）通过控制扳机行程来进行转换的。

增加了一个保险机构是 EX－018 的特征，具体结构不是很清楚，但是根据一份测试的报告内容显示，这个保险的可靠性不是很好。EX－019 的保险并没有改进，但是在上机匣的韦弗式导轨上设计了一个与 M16 步枪相似的提把，提把内部设置的有可以翻转的准星和照门。另外，月牙形肩托与枪托的连接方式也做了改变，是由之前的两根平行杆改变未来圆柱形管，使连接起来更为牢固。

响尾蛇冲锋枪试制生产的最后一个型号是 EX－020，EX－020 保留了之前型号大多数的特征，同时也有了些新的改变：拉机柄与枪机采

※ EX－003

取分离式的设计，这样射击过程中拉机柄不会再随枪机往复运动，这样减少了对身体的潜在伤害；保险机构也进行了改进；改进了结构设计，提高了整支枪的装配性，这样有利于快速地分解结合，而之前的型号都存在有分解不便的缺陷；放弃了司登冲锋枪的弹匣，改用了乌齐冲锋枪的弹匣；采用双机头的设计，但是与 EX－003 不同，前后的两个机头都是 9 毫米口径。这样，如果一个机头的抽壳钩或者是击针出现故障的时候，可以迅速调转枪机继续使用。可以看出 EX－020 的改进，进一步提高了响尾蛇冲锋枪的实用性和人机工程，而且之前的响尾蛇冲锋枪在设计上的一些弊病，也大多数的得到了比较好的处理。

　　遗憾的是，EX－020 搞完的时候，美国新的枪械法（1986 年颁布的武器管理法）也相应地出台了，规定自动武器不能再向民间的市场进行销售。由于军方最终也没有采用响尾蛇冲锋枪，导致这类枪最后逐渐从人们的视线中消失了。平心而论，麦克奎恩等设计师们对于城市近距离巷战有着较为前瞻性的考虑，基干这种战术的用途设计出来的响尾蛇冲锋枪，也确实显得与其他的不一样。虽然响尾蛇冲锋枪时运不济，但是它简单又不失新颖的结构设计，对于今后的单兵近战武器研发，仍然会有一定的启发作用。

·动物在军事中还有哪些用途·

人们根据令人讨厌的苍蝇仿制成了一种十分奇特的小型的气体分析仪器，已经被安装在宇宙飞船的座舱里了，这种仪器是用来检测舱内气体的成分。从电鱼与伏特电池；萤火虫到人工冷光；以及水母的顺风耳，仿照了水母的耳朵的结构和功能，设计除了水母耳风暴预测仪，可以提前15个小时对风暴做出预报，这对航海和渔业的安全都有着重要的意义。

嗅觉灵敏的龙虾为人们制造气味探测仪提供了思路。壁虎的脚趾对制造可以反复使用的黏性录音带提供了令人鼓舞的前景。用它的蛋白质生成的胶体是非常牢固的，这样一种胶体可以应用在从外科手术的缝合到补船等一切的事情上。生物学家通过对蛛丝的研究制造出了高级的丝线、抗撕断裂的降落伞与临时吊桥上用的高强度缆索。船和潜艇是来自人们对鱼类和海豚的模仿。白蚁不仅可以使用胶粘剂来建筑它们的土堆，还可以通过头部的小管向敌人喷射出胶粘剂。于是人们就按照同样的原理制造出了工作的武器——一块干胶炮弹。人类还利用了蛙跳的原理设计了蛤蟆夯。科学家根据了野猪的鼻子测毒的奇特本领，则制成了世界上第一批的防毒面具。

人们根据蛙眼的视觉原理，已经研制成功一种叫做电子蛙眼的东西。这种电子蛙眼可以像真的蛙眼那样，准确无误地识别出来特定形状的物体。把电子蛙眼装入雷达系统之后，雷达的抗干扰能力就大大提高了。这种雷达的系统可以快速并且准确地识别特定形状的飞机、舰船和导弹等等。特别是可以区别真假导弹，防止以假乱真的情况。

电子蛙眼还广泛的应用在了机场以及交通的要道上。在机场，它可以监视飞机的起飞与降落，如果发现飞机将要发生碰撞，就可以及时地发出警报。在交通要道上，它可以指挥车辆的行驶，防止车辆相互碰撞事故的发生。根据蝙蝠的超声定位器的原理，人们还仿制了盲人使用的"探路仪"。这种探路仪里边装置了一个超声波发射器，盲人带着它可以发现电杆、台阶和桥上的人等。如今，有类似作用的"超声眼镜"也已经制成了。模拟蓝藻的不完全光合器，将会设计出来仿生光解水的装置，从而可以获得大量的氢气。根据对人体骨骼的肌肉系统和生物电控制的研究，已经仿制了人力增强器——步行机。现代起重机的挂钩是起源于许多动物的爪子。屋顶瓦楞是模仿动物的鳞甲。鱼的鳍被船桨模仿。锯子学的是螳螂臂，或者是锯齿草。苍耳属植物启发人们发明了尼龙搭扣。

▌拓展思考▐

1. 响尾蛇枪的特点你能说出来么？

2. 响尾蛇枪的优点请你说出来。

3. 1980年4月24日，什么行动正式执行？